KB144140

개정판

International Tourism

국제관광론

조현호·송재일 공저

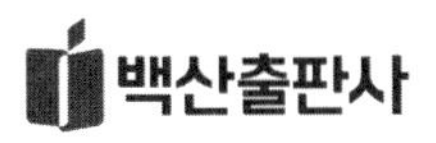
백산출판사

International TOURISM

P/R/E/F/A/C/E

우리는 모두 행복한 삶을 원하고 있다. 우리가 추구하고 있는 행복이란 정신적인 면과 물질적인 면에서 생각해 볼 수 있다. 이 중에서 외형적이고 물질적인 면은 많은 발전을 이룩하였다. 우리는 먹는 문제 등 생명을 유지하고 기본적인 삶을 안정적으로 유지하기 위하여 필요한 기초적인 여러 문제를 해결하였을 뿐만 아니라, 과도한 물질문명의 발달로 인하여 그 폐해가 우려되고 있는 실정에까지 이르렀다.

문제는 우리가 물질적인 만족만으로는 살아갈 수 없는 존재라는 데 있다. 현실적 삶 속에서 진정한 행복을 얻기 위해서는 물질적인 풍요와 함께 정신적 만족이 이루어져야 한다. 우리는 생명을 유지하고 생활하는 데 필요한 기본적인 욕구가 충족된다면 그에 상응하는 정신적 만족을 찾게 되고, 이런 욕구의 분출방법 중 하나가 새로운 것 또는 내 것과 다른 것을 보고, 느끼고, 그런 것들을 통하여 새로운 발전을 꾀하는 관광에 대한 욕구로 나타난다.

이런 관점에서 관광은 현대인에게 꼭 필요한 정신적 만족을 주며, 스트레스를 해소시킴으로써 안정적인 삶과 함께 진정한 의미에서의 발전을 이룰 수 있도록 하는 중요한 요소가 된다. 이와 같은 관광에 대한 자연스러운 욕구를 적절하게 해소 내지 만족시켜 줌으로써 개인의 건전한 발전을 추구함과 동시에 사회적으로나 국가적으로 발전의 에너지로 삼는 일석이조의 효과를 얻을 수 있다. 관광이 개인적 · 사회적 또는 국가적으로 이렇게 중요한 의의를 갖는다고 한다면 이런 현상을 구체적으로 파악하고 이해할 필요가 있다.

관광은 한 국가 내에서 이루어지는 경우도 있지만, 많은 경우에 여러 나라들이 관광현상에 간여하고 있다. 특히 수송기술 등 관광과 관련된 여러 기술이 발전되고 있는 현대에는 관광을 국내와 국제적인 것으로 나누는 것 자체가 별 의미를 갖지 못한다고 볼 수 있다. 결국 관광을 국제관광의 관점에서 이해하고, 이를 바탕으로 미래를 예측하고 미래에 대한 적절한 대비를 통해 장기적인 발전을 꾀하는 것이 중요하다.

관광학은 여타 학문영역에 비하여 역사가 짧기는 하지만, 다양한 관점에서 활발한 연구가 진행되고 있으며, 연구의 결과가 많은 논문과 저서로 나타나고 있다. 본서는 국제적 관점에서의 관광 즉 국제관광에 관심을 가진 일반인이나 관련 연구를 이제 시작하려고 하는 후학들에게 “국제관광이란 무엇인가?”라는 의문을 해소시키고, 국제관광의 기초에 대해 소개하기 위해 만들어졌다.

이 책은 교과서이고 입문서이다. 이 책은 관광학을 공부하는 학생들을 대상으로 하는 국제관광 관련 교과목의 수업에 도움이 될 수 있도록 꼭 필요한 내용을 정리하는 것을 목표로 했다.

본인은 이 책을 씀에 있어서 다음의 세 가지 기준을 지키고자 노력하였다.

첫째, 국제관광을 처음 접하는 초심자들 뿐 아니라 국제관광에 단순한 호기심을 가지고 교양으로 알고자 하는 일반인들까지도 쉽게 읽을 수 있도록 기술하고자 노력하였다. 또 관광학에 관한 기초지식 없이도 쉽게 이해할 수 있도록 평이한 기술을 하기 위해 노력하였다.

둘째, 기초적 개념을 명확히 하였다. 많은 전공분야의 서적이 기초적인 개념들을 독자가 이미 알고 있다는 전제에서 쓰여지기 때문에 내용의 이해에 있어서 커다란 혼돈을 겪는 독자들이 의외로 많이 있는 것이 사실이다. 이 책은 모든 새로운 개념을 정리하고 명확히 하여 독자들의 이런 혼돈을 방지하고자 하였다.

셋째, 국제관광이 우리의 삶에서 중요한 의의를 가진다는 점을 강조하기 위해 노력하였다. 국제관광을 이해하는 관점 중에는 경제적인 면과 기업인의 관점에서 효과성을 특히 강조하는 경우가 있기도 하지만, 이 책에서는 인간이 인간답게 사는 데 있어서 필수적인 활동이라는 관점을 유지하고자 하였다.

본인이 관광학에 입문한지 이십여 년이 지났지만 아직도 많이 부족하다는 것을 스스로 잘 알고 있다. 여러 면에서 아직 많이 부족한 줄 알면서도 기초적인 관광학 입문서를 내 나름대로 정리하고자 하는 욕심을 내게 되었다. 이 책으로 인하여 나에게 학문의 길을 열어 주신 은사님들과 선배 · 동료들에게 누를 끼치지 않을까 하는 두려움과 함께 많은 후배와 다양한 관점을 추구하는 학생들에게 적으나마 도움을 줄 수 있다는 기대감을 동시에 갖게 된다. 이 책의 내용의 미비함이나 잘못이 있다면 이는 전적으로 본인의 무능력과 무성의로 인한 것이며, 앞으로 계속하여 보완해 나아갈 것임을 내 자신과 독자 모두에게 약속하고자 한다.

이 책이 출간될 수 있도록 도와 주신 모든 분들께 감사드리며, 앞으로 계속적인 관심과 격려를 부탁드린다.

조 현 호

International TOURISM

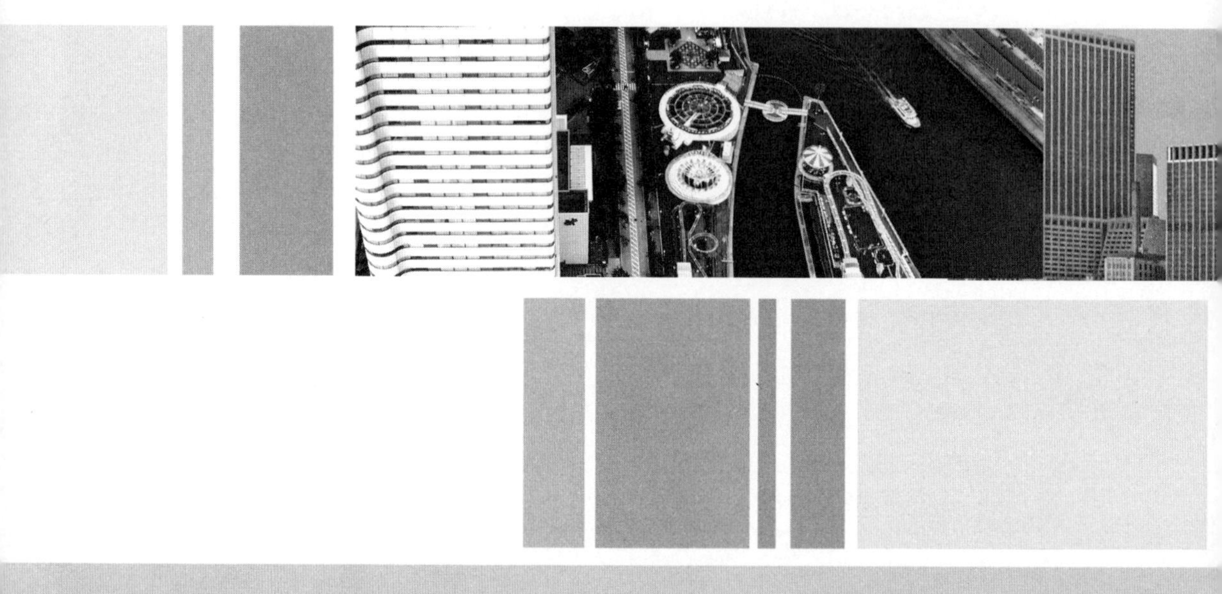

International Tourism

I

국제관광의 이해

1. 관광의 개념
2. 국제관광의 개념

국제관광론

Ⅰ. 국제관광의 이해

국제관광은 관광의 한 부분이다. 즉 관광의 광범위한 영역 중에서 한 나라를 벗어나 실행되는 관광이다. 당연히 국제관광에 대해 이해하기 위해서는 관광에 대한 이해가 선행되어야 한다.

1 관광의 개념

관광은 사람, 정책, 물건, 교통, 기업 등 매우 다양한 요소가 복잡하게 얽혀져서 서로 간에 영향을 주고받는 사회현상이다. 많은 학자들이 이런 관광을 올바르게 알고, 연구하기 위해서 관광을 규정하고자 노력했다. 그 이유는 대상을 분명하게 하고 시작하는 것이 그것을 제대로 알 수 있기 때문이다.

또 관광은 매우 역동적으로 변화하는 사회현상이다. 관광에 관여하는 요소 즉 정치적, 경제적, 사회문화적, 심리적 요소들이 변화함에 따라 그것들의 결합체인 관광의 변화는 예측하기 어려울 정도로 크게 나타나게 된다.

이런 관광을 한 마디로 규정하려고 하는 시도는 그것이 가진 다양한 요소와 복잡성 때문에 많은 어려움을 겪어야 했다. 그러나 우리가 어떤 대상에 대해 정확하게 알기 위한 연구를 시작함에 있어서 현상의 이해가 필요하고, 이런 이해는 현상에 대한 명확한 규정에서 출발해야 할 것이다.

이런 이유로 초기의 관광 연구자들은 관광 전체보다는 그 안의 어떤 특정한 내용을 중심으로 관광을 이해해 왔다. 예를 들어, 관광을 구성하는 여러 요소의 하나라고 할 수 있는 기업체의 사업적 측면을 중시한다거나, 국가 또는 단체의 다양한 통계의 목적에 이용하기 위한 것 또는 관광 전체를 하나로 이해하는 시스템적 사고를 바탕으로 하고 있거나, 이동이나 접촉 등 실제 일어나는 현상을 중심으로 하는 것 등을 예로 들 수 있다.

이런 노력의 결과로 나타난 관광의 여러 정의를 살펴보면 다음과 같은 것으로 대표할 수 있다. 1911년 독일의 슐레른(H. Schulern)은 "관광이란 일정한 지역, 주(州), 또는 타국에 들어가 체재하고, 그리고 다시 돌아가는 외래객의 유입 · 체재 및 유출이라는 형태를 취하는 모든 현상과 그 현상에 직접 관련된 모든 사상, 그 가운데서도 특히 경제적인 모든 사상을 나타내는 개념이다"라고 했다.

1931년 독일의 보르만(Artur Bormann)은 "관광이란 기분전환, 위락, 직무 등의 목적을 위하여 정주지를 한때 떠나는 여행의 총체적인 개념이다(그러나 직무상의 여행 가운데서도 직장의 정기적 통근은 포함하지 않는다)"라고 했다. 1933년 영국의 오길비(F. W. Ogilvie)는 "관광객이란 1년을 넘지 않는 기간에 집을 떠나서 그 기간 동안에 돈을 소비하되, 그 돈은 여행하면서 벌어들인 것이 아닐 것"이라고 하였다.

독일인인 그뤽스만(Robert Glücksmann)은 1935년에 "관광이란 체재지에 일시적으로 머무르고 있는 사람과 그 지역의 주민과의 사이의 여러 가지 관계의 총체로서 정의할 수 있다"고 하였다.

그러나 이런 단편적인 관광의 개념으로는 관광 전체를 정확하게 알 수 있는 바탕을 제시할 수 없었다. 특히 각고의 노력 끝에 관광학이 학문적으로 체계

가 잡히고, 사회적으로 많은 관광의 단계를 거친 후, 대부분의 사람들이 관광에 참여하게 됨으로써 대량관광현상이 일반화되기 시작한 제2차 세계대전 이후가 되자 관광을 정확하게 알기 위해 좀 더 종합적인 이해가 필요하게 되었다.

이 시기에 새롭게 나타난 정의를 살펴보면, 다음과 같다.

1950년 일본의 다나카 기이치(田中喜一)는 "자유의 동기에 의거하여 일시 정주지를 떠나서 여행을 하는 일, 또 체재지에서 위락적 소비생활을 하는 것"을 관광으로 보았다. 1959년 스위스인인 훈치커와 크라프(W. Hunziker, K. Krapf)는 "외국인이 그 체재지에서 계속적이나 일시적으로 주요한 영리활동을 실행할 목적으로 정주하지 않는 한 그 외국인의 체재로 인하여 발생하는 제관계 및 제현상의 총체적 개념이다"라고 정의하고 있다.

일본의 이노우에 만주조(井上万壽藏)는 1961년 "사람이 다시 돌아올 예정으로 일상생활권을 떠나 레크리에이션을 얻기 위하여 이동하는 것"이라고 했다. 1966년 프랑스인 메드생(J. Medecin)은 "관광이란 사람이 기분을 전환하고, 휴식을 취하며, 또한 인간활동의 새로운 여러 국면이나 미지의 자연경관에 접촉함으로써 그 경험과 교양을 넓히기 위하여 여행을 한다든가, 거주지를 떠나 체재하는 등으로 이루어지는 여가활동의 한 유형이다"라는 정의를 내렸다.

이렇게 오랜 기간 동안에 나타난 관광의 정의를 전체적으로 살펴보면, 과거의 정의는 지역간 이동, 즉 출발하였다가 다시 체재지로 돌아간다는 점을 강조하고, 거주민과 관광객의 관계 및 경제적인 면을 중시한 반면에, 현대로 올수록 관광을 탈출욕구의 표현, 인간성의 회복욕구, 문화적 활동으로 인식하는 경향이 있다는 점을 확인할 수 있다.

관광을 그것의 중심이 된다고 생각되는 특정한 하나의 요소만을 대상으로 이해하고자 했던 초기의 노력에서 발전하여, 관광을 종합적인 것으로 이해하는 견해도 이후 다음과 같이 나타나고 있다.

밀과 모리슨(Robert C. Mill & Alastain M. Morrison)은 "직장인의 통근 및 학생의 등하교를 제외한 상용과 관광목적으로 정주지를 떠나는 모든 행위를 여행으로 규정하며, 관광은 여행행위와 관련하여 발생하는 모든 행위의 총체이다.

관광은 여행계획, 목적지로의 이동, 그 곳에서의 체재, 귀환, 그리고 관광추억 등의 제활동 및 현상 등을 포괄적으로 포함한다. 동시에 여기에는 여행, 물품구입 그리고 방문객과 현지의 수용자 간에 이루어지는 상호교류 등의 제활동도 포괄한다"고 정의하고 있다.

또 시오다 세이지(鹽田正志)는 관광을 단독행위로 보는 협의와 사회현상으로 이해하는 광의의 정의를 제시하고 있다. "협의의 관광이란 ① 사람이 일상생활권으로부터 떠나, ② 다시 돌아올 예정으로 이동하여, ③ 영리를 목적으로 하지 않고, ④ 풍물 등을 가까이 하는 것이며, 광의의 관광이란 그와 같은 행위에 의해서 나타나는 사회현상의 총체이다"라고 정의하고 있다.

이와 같은 여러 정의를 종합해 보면, 관광이란 다음과 같은 내용을 가진 사회현상으로 개념화할 수 있다.

① 일상의 거주권에서 벗어난다.

② 다시 돌아올 것을 예정한다.

③ 영리와 무관하다.

④ 새로운 경험을 추구한다.

이상의 모든 관광에 대한 정의를 종합하고, 관광을 문화적이고 사회적인 현상으로 이해하는 관점에서 현대 관광의 특성을 고려하여 본다면, 결국 관광은 "일상의 생활권을 떠나 다시 돌아올 것을 전제로 영리를 목적으로 하지 않고, 타지역 또는 타국의 문물 · 풍습 · 제도 등을 배우고, 익히고 즐기려 이동하는 사회적 활동이다"라고 정의할 수 있다. 즉 관광이란 사람이 영리추구와

는 관계없이 휴식, 기분전환, 자기계발을 목적으로 일시적인 이동을 하는 가운데, 관광목적지의 인적, 물적 측면과의 상호작용에서 생기는 제 현상의 총체적 시스템이다.

2 국제관광의 개념

국제관광에 관하여 1984년 세계관광기구(UNWTO : World Tourism Organization)에서 제시한 기준에 의하면 국제관광이란 "즐거움 · 레크리에이션 · 휴가 · 스포츠 · 사업 · 친지 · 업무 · 회의 · 건강 · 종교 등을 목적으로 방문국에서 적어도 24시간 이상 1년 이하 체류하는 행위"로 정의하고 있다. 또 경제개발협력기구(OECD : Organization for Economic Cooperation & Development)는 "인종 · 성별 · 언어 · 종교 등에 관계없이 외국의 영토에서 24시간 이상 6개월 이내의 기간 동안 체류하는 것"으로 정의하고 있다. 이런 정의는 관광의 정의에서와 같이 특정한 목적 즉 이 경우에는 통계작성을 위한 실무적 관점에서 국제관광을 규정하고 있다.

국제관광은 그것이 관광의 한 부분 즉 관광 중에서 국가 간 이동을 포함하는 현상이라는 점에서 관광의 정의를 이용해서 이해해야 할 것이다. 따라서 국제관광에 대한 정의 역시 매우 다양하게 제시될 수 있을 것이다. 이 책에서는 위에서 제시한 관광의 정의를 적용하여, 국제관광은 관광 현상 중에서 국경을 벗어나서 이루어지는 관광, 즉 관광객이 "일상의 생활권을 떠나 다시 돌아 올 것을 전제로 영리를 목적으로 하지 않고, 타국의 문물 · 풍습 · 제도 등을 배우고, 익히고 즐기려 이동하는 사회적 활동이다"라고 정의하고자 한다.

International Tourism

Ⅱ

국제관광의 발생

1. 국제관광 발생 배경
2. 국제관광 발전 요인

Ⅱ. 국제관광의 발생

인류의 조상들은 먹을 것을 찾거나, 적이나 힘센 동물로부터 자신을 방어하기 위하여, 또는 좀 더 살기 좋은 기후를 찾아 계속해서 이동하는 생활을 했고, 이런 이동은 개체의 생존과 종족의 계승을 위한 필수적이고 본능적인 행동이었을 것이다. 이후 문명이 발달하고 국가가 형성되는 등 집단이 확대됨에 따라 이동의 필요성이 더욱 커지게 되었다.

관광은 이런 이동이 있음으로써 성립할 수 있다. 그러나 이 이동은 정착을 전제로 하여야 의미가 있다. 즉 관광의 최초 발생은 우리의 조상들이 한곳에 정착생활을 시작한 이후 어떤 필요에 의해 이동하고, 다시 원래의 거주지로 돌아왔을 때 시작되었다고 생각할 수 있다는 것이다.

과거 인류문명이 발달하지 못했던 시절의 관광은 지금처럼 즐거운 것이 아니었다. 여행을 의미하는 영어의 travel이 어려움이나 힘든 일을 나타내는 travail과 같은 어근(語根)을 갖는다는 점은 초기의 관광이 힘들고 어려운 일이었다는 것을 잘 보여 주고 있다. 특히 다른 국가로의 여행은 때로 위험을 감수해야 하는 위험하면서도 어려운 일이었다. 그러나 그것을 해 냈을 때 얻을 수 있는 효용이 매우 컸기 때문에 많은 사람들이 참여했다. 이후 관광을 행하기 위한 환경이 지속적으로 개선됨에 따라 관광은 점차 보편화되기 시작했다.

국제관광 역시 같은 과정을 거쳐 성립될 수 있었다. 국제관광은 국가를 이

루고 정착생활을 하던 우리 조상이 지배자가 다른 지역을 통과하여 이동하고 다시 거주지로 돌아오는 개념이라고 볼 수 있다. 국가 간에 고정된 국경이 생기게 된 것은 근대적 국가가 성립된 이후라고 할 수 있으며, 대략 17~18세기에 이르러 국경선이 설정되기 시작하였다. 초기의 국경은 주로 산맥 · 하천 · 호수 등의 자연적 지형을 기준으로 하여 설정되었다. 이후 국제적인 관계가 복잡해지고, 국가 조직이 증가하자 그런 자연적 경계 표시를 기준으로 설정하기에는 한계가 생기고, 좀 더 발전적인 국경 설정의 필요성이 대두되자, 지구의 경도 · 위도 등이 기준이 되기도 하고, 때로는 국가 간의 조약을 통해 설정되기도 하였다.

초기의 국제관광은 여러 나라 사이의 국경이 정해지고 국제관광에 대한 필요가 나타났을 때, 즉 개인이나 집단의 여행 욕구가 증가되었을 때, 그것을 가능하게 하는 사회적 여건이 충족되면서 성립되었다. 이후 사회가 발전할수록 관광과 관련된 욕구가 양과 질적으로 증대되었고, 사회적 여건도 더 잘 갖추어지게 되면서 관광 현상이 증가되었다. 구체적인 필요의 예를 보면, 종교행사 참가, 올림픽 등 체육제전 개최 및 참가, 축제, 전차경기 등 인위적 행사 참가, 영토 확장, 노예사냥, 자원 확보 등이 있고, 여건조성으로는 이동에 필요한 기술 발달, 동물의 힘 이용, 바퀴의 발명, 토기제작 등의 기술적인 면과 정치체제 정비, 도로망 정비, 화폐제도 정착, 계급발달 등 사회적인 면을 들 수 있다.

1 국제관광 발생 배경

국제관광 발전의 원동력이라고 할 수 있는 사회적 · 개인적 욕구를 보면, 종교적 욕구, 군사적 욕구, 상업적 욕구, 사회(국가)적 욕구, 인간 본질적 욕구 등으로 구분할 수 있다.

1) 종교적 욕구

종교적 목적을 가진 이동은 보통 일정한 시간과 장소에서 거행되고 당연히 많은 사람들이 정기적으로 같은 경로를 반복적으로 이동한다는 특성을 갖게 된다. 이렇게 종교적 목적을 가진 이동의 경로나 휴식 장소는 후에 그대로 관광객의 휴식이나 숙박의 장소가 되었고, 처음에는 특권층이 참가하였지만 후에 양적으로 또 참여 계층의 면에서 발전하여 여행을 더욱 편리하고 이동의 양을 증대시키는 상승작용을 하였다.

종교적 활동이 출발점이 되어 관광을 촉진한 예로는 성지순례와 올림픽 경기와 같이 여러 신에게 바치는 축제를 예로 들 수 있다.

(1) 올림픽제전

고대 올림픽의 기원은 일반적으로 BC 776년 전후라고 한다. 경기는 올림피아에 신전이 있는 그리스의 주신(主神) 제우스에게 바치는 제전경기로서 개최 시기는 오늘날의 7~9월 사이 만월이 있는 날을 중심으로 실시되었는데, 전성기에는 5일 동안 계속되었다. 경기종목은 처음에는 개인 단거리경주뿐이었지만, 이후 복싱 · 레슬링 · 원반던지기 · 창던지기 · 전차경주 등이 추가되었는데, 이는 주로 사냥이나 전쟁에 필요한 기술을 신에게 보여주기 위한 것이었다. BC 632년 제37회부터는 소년을 위한 경기가 추가되기도 했다.

올림픽 참가자의 자격은 그리스의 도시국가에 거주하는 자 중에서 시민권이 있고, 범법행위가 없으며, 주신 제우스에 대한 불신행위가 없었던 자에 한정되었다. 또 여자는 참가가 금지되었고, 기혼여성은 관람하는 것조차 허용되지 않았다. 경기는 전라에 맨발로 하였고, 우승자에게는 올리브의 잎으로 만든 관을 주었다. 이는 신을 경배하기 위한 제전으로서 인간이 가진 부나 권력 등이 올림픽의 장소에서는 의미를 갖지 못한다는 의미로 볼 수 있다. 또 제전 전후 3개월간은 그리스의 모든 폴리스가 휴전하였다.

고대 그리스 문화에 많은 영향을 끼친 올림픽 제전경기는 393년 제293회를 마지막으로, 다음해 그리스도교를 국교로 정한 로마제국의 테오도시우스 대제의 이교금지령에 따라서 1160년의 오랜 역사의 막을 내렸다.

(2) 성지순례

순례여행은 시대와 관계없이 계속되는 이동의 중요한 원인이라고 할 수 있다. 대부분의 종교에서 신앙을 가진 사람들은 자신이 믿는 종교에서 의미를 가진 장소를 직접 방문함으로써 자신의 신앙을 확고하게 하고, 타인으로부터 인정받고자 하는 욕구를 갖는다.

고대 로마제국의 멸망으로 시작된 중세는 우리가 일반적으로 암흑기(Dark Age)라고 부르는 것과 같이 사회적인 불안정이 심각하였다. 특히 치안상태가 불안정해짐에 따라 특별한 경우에 나타나는 관광에 대한 욕구도 좌절될 수밖에 없었다. 당연히 일반적인 또는 인간적인 욕구를 충족하고자 하는 이동은 원천적으로 금지되었고, 특히 즐거움을 추구하는 관광행위, 예를 들어 휴가여행, 탐험, 호기심 충족을 위한 여행 등은 존재할 수 없었다.

신을 경배하기 위한 활동만이 정당성을 인정받았던 중세 동안 꾸준히 계속된 이동은 기독교도로서 당연히 참가해야 하는 성지순례였다. 인간은 원죄가

있고 그 죄를 없애기 위해 반드시 순례가 필요하다는 믿음이 팽배했던 사회적 분위기에 따라 대부분의 기독교인들이 순례에 참여하고자 했다. 이들은 종교적 순수한 동기와 함께 오락, 탐험, 교육, 호기심 등의 개인적 욕구를 충족할 수 있는 기회로 순례에 참여하게 되었다.

순례의 주요 목적지는 스페인의 산티아고, 로마(순교성지), 예루살렘 등이었는데, 그 중에서도 특히 산티아고에는 연 50만 명의 순례자가 방문하였다고 한다. 당시의 인구 규모나 치안의 상태, 여행의 곤란함 등을 감안하면 엄청난 숫자라고 할 수 있다.

2) 군사적 욕구

강력한 관광발전 요인으로 지적할 수 있는 것 중의 하나가 이 군사적 목적을 위한 이동이다. 과거의 국가는 여러 가지 열악한 환경으로 인하여 국민의 생존을 안정적으로 유지하기 위해 많은 노력을 기울일 수밖에 없었다. 정착생활이 시작되고, 생활 여건이 좋아짐에 따라 필연적으로 인구가 증가되었고, 이는 식량 부족이라는 심각한 문제의 원인이 되었다. 식량 생산을 늘리기 위해서는 더 넓은 영토의 확보와 많은 노동력이 필요했다. 토지와 노동력이라는 필수적인 생산요소를 충분히 확보하기 위해서는 강력한 군사력을 바탕으로 전쟁에서의 승리가 필수적이었다. 따라서 군사적 필요에 의한 장거리 이동과 숙영(宿營) 등이 빈번하게 이루어질 수 있었다.

계속되는 정복전쟁과 같이 자국의 이익 확보를 위한 이동과 함께 외적의 침입에 저항 또는 예방하기 위한 군사적 움직임은 생명을 담보로 하는 적극적 이동이라고 할 수 있다. 이런 이동경로는 후에 관광객들의 이동경로로 이용되고 군대의 숙영지는 휴식이나 숙박의 장소가 될 수 있었다.

군사력의 확충은 부수적인 효과도 준다. 즉 강력한 군사력을 바탕으로 치안

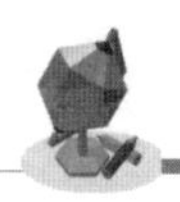

이 확실하게 유지됨으로써 일반인의 이동을 용이하게 하며, 사회적 안정과 경제적 번영을 이룸으로써 관광발전의 가장 기초적인 조건을 완성하는 효과를 가지게 된다. 이런 효과를 지속적으로 누리기 위해서는 당연히 점차적으로 더 많은 군사적 활동을 전제로 한다.

관광에 영향을 준 대표적인 군사적 이동은 중세의 십자군원정과 1, 2차 세계대전을 들 수 있다.

(1) 십자군원정

십자군원정은 1095년부터 1291년까지의 약 200년 간에 걸쳐 이슬람교도가 차지하고 있는 기독교 성지인 예루살렘을 되찾기 위한 기독교도의 원정이었다. 총 7차까지 진행되었으며, 종교적 환상을 가진 유럽의 귀족들이 모험심과 함께 상업적 목적을 가지고 감행되었다.

제1차 원정은 교황 위르벵 2세(Urban II)가 Council of Cleermont에서 결의한 후 총사령관 고티에 상 자바르와 피에르 레르미트의 지휘하에 보병 2만명, 기병 1,500명 등을 포함하여 총 4만명으로 구성되었다. 이들은 군인이나 기사라기보다는 순수한 종교심에서 참전한 단순한 순례자가 대부분이었다. 따라서 군사적 목적을 이루기 위한 전술적인 진군이 아니라 무조건 '동'으로 진군하였고, 결국에는 다수의 이탈자가 발생하게 되었고, 진로에 있는 지방을 대상으로 약탈을 일삼았으며, 부랑아로 전락하는 이들이 많이 나타났다.

2차 이후의 원정도 1차와 거의 같은 결과를 보이게 되었다. 십자군에 참가한 기사들은 기존 유럽사회에 불만을 가졌거나 지위를 잃은 자들, 즉 영지나 작위를 물려받은 장자가 아닌 다른 아들들이 주로 참여하게 되었다. 이들은 성지탈환이라는 목적보다는 자신의 재산과 지위를 확보하기 위해 원정에 참여한 경우가 많았다. 이런 현상은 후기로 갈수록 심해져서 원정은 노예매매가 중요한 목적이 되었고, 원정군이 지나는 길목의 성과 마을은 약탈의 대상이

되기도 하였다.

그러나 대규모 인원의 장거리 이동, 특히 2백년에 걸친 지속적이고 주기적인 이동이라는 면에서 십자군 원정은 군사적으로는 실패한 것이었으나, 관광의 측면에서 보면 상당한 성과를 이루었다고 할 수 있다. 첫째 문화교류에 지대한 공헌을 했다. 둘째 예루살렘을 빼앗지는 못했으나 이교도들로부터 예루살렘에 대한 순례를 허용하도록 만드는 계기가 되었다. 이로써 이후 나타나는 대규모 순례여행이 가능하게 되었다. 셋째 유럽 전역에서 신분이나 빈부와 무관하게 장거리 여행을 가능하게 하였다. 십자군의 중심은 귀족이었으나 그 뒤에서 실질적인 중심 역할을 한 집단은 노예를 비롯한 서민들이었고, 그들은 이런 여행의 경험을 살려 이후 이동에 적극적으로 참여하게 되었고, 새로운 것에 대한 호기심을 충족시키는 기회를 얻게 되었다. 이런 십자군원정의 결과는 궁극적으로 후에 일어나는 사회변화에 커다란 영향을 미치게 되었다.

(2) 1, 2차 세계대전

제1차 세계대전은 1914년 6월 28일 보스니아의 사라예보에서 오스트리아의 황태자 페르디난트 부부가 세르비아의 자객 G. 프린치프의 흉탄에 맞아 피살되었고, 이에 오스트리아는 세르비아와 국교를 단절하고 이어 선전포고를 하여 전쟁이 시작되었다. 이 전쟁은 1914년 7월 28일 시작되었으며, 1918년 11월 11일 독일의 항복으로 끝난 세계적 규모의 전쟁으로 영국 · 프랑스 · 러시아 등의 협상국(연합국)과, 독일 · 오스트리아의 동맹국이 양 진영의 중심이 되어 싸운 전쟁이다.

전쟁의 직접적 원인은 황태자 부부의 피살이었으나, 그 발발의 배경에는 19세기 말부터 20세기 초에 걸쳐서 나타난 세계 제국주의의 성립이 있었다. 이 시기에 유럽 제국과 미국 또 뒤늦게 참여한 일본과 러시아 등 세계 주요

산업국가에서 자본주의 경제가 독점단계로 들어가게 되었다. 이런 이유로 각국은 대형화한 경제력의 배출구 즉 대량생산이 시작된 제품의 안정적인 판로를 필요로 했고, 이에 따라 이들 국가는 해외에서 식민지나 세력권을 넓히기 위한 격렬한 경쟁을 전개하고 있었던 점이 좀 더 근본적인 전쟁의 원인으로 제시된다.

제2차 세계대전은 1939년 9월 1일 독일의 폴란드 침공과 이에 대한 영국과 프랑스의 대독 선전포고에서 발발하여, 1945년 8월 15일 일본의 항복으로 종결된 전쟁이다. 이 기간 동안 1941년 독일의 소련 공격과 일본의 진주만 공격을 계기로 발발한 태평양전쟁 등의 과정을 거쳐 세계적 규모로 확대되었다. 이 전쟁은 독일과 이탈리아, 일본의 3국 조약을 바탕으로 한 동맹국 진영과 영국, 프랑스, 미국, 소련, 중국 등을 중심으로 한 연합국 진영의 대립으로 진행되었으며, 전쟁에 참여한 나라는 연합국측이 49개국, 동맹국측이 8개국 참여 등으로, 세계의 거의 모든 나라가 참여한 전쟁이었다.

전 세계가 인명과 재산 등에서 막대한 피해를 본 1, 2차 세계대전은 모두 영국과 미국 중심으로 프랑스와 러시아가 힘을 합친 연합국의 승리로 끝났지만, 전쟁에 참여한 국가들에서 전쟁을 승리로 이끌기 위한 기술개발 노력이 있었고, 전쟁 중에 전차와 비행선, 대형 화물선과 제트비행기, 로켓 엔진 등이 실제 활용되기도 했다. 동시에 러시아와 독일에서 혁명이 일어나 전제왕정이 무너지는 등 사회적인 변화가 일어났고, 공산주의와 민주주의 정치체제가 확고해졌으며 전 세계의 산업과 정치적 기본 틀이 크게 바뀌는 계기가 되었다.

3) 상업적 욕구

고대 그리스의 상인들은 지중해, 북유럽, 중앙아시아, 동아프리카, 인도까지

진출하여 활발한 활동을 하였다고 전해지고 있다. 그들만이 아니라 이집트의 상인 역시 전 세계를 상대로 광범위한 이동을 빈번하게 수행했으며, 페니키아인들은 교역을 위해 지중해상에 도시국가를 건설하고 활발한 교역을 위한 장거리 여행을 하고 있었다. 15세기말 로마제국의 멸망 후 처음에는 시리아, 그리스, 유태인들이 무역을 주도했고, 아랍인과 바이킹이 무역의 주도권을 가지게 된 이후 페르시아만을 거쳐 인도, 러시아, 중국까지 이동함으로써 점점 더 그 범위를 넓히고 무역량도 급격하게 증가하게 되었다. 특히 북아프리카를 중심으로 한 대상(隊商 : Caravans)은 커다란 무리를 이루어 이동하였는데, 이들의 이동은 정기적이면서 동시에 대규모, 장거리 이동으로 문명과 문화의 방대한 자료 전달자로서의 역할을 했다.

동양의 경우에도 처음 여행은 주로 교역을 위한 것으로, 중국에서 서역을 연결하는 '비단길(Silk Road)'이 좋은 증거가 될 수 있을 것이다. 비단길은 중국에서 지중해까지 동양과 서양을 연결하는 중요하고 활발한 교통로였는데, 알렉산더 대왕에 의해서 B.C. 4세기경 조성되었다고 알려져 있으나, 그 이전부터 이용되던 교통로였다고 생각된다. 한국에서도 삼국시대 이후 교역이 활발히 이루어졌음을 알 수 있는 기록이 있고, 특히 통일신라시대에는 인도에까지 왕래하는 긴 여행이 이루어지기도 했다.

자신의 부를 증대시키기 위한 사람들의 노력은 무한하다. 이는 개인의 영리추구 그 자체가 매우 강력한 여행동기라고 할 수 있다는 의미이다. 사회적 여건이 갖추어졌을 때 이런 욕구가 활발하게 실현될 수 있지만, 인간의 본질적 욕구는 이런 여러 사회적 압박이나 조건의 미비라는 악조건으로 완전히 막을 수는 없었다.

상업적 목적의 이동은 두 가지로 볼 수 있다. 첫째, 장소의 이동이다. 초기의 간단한 교환에서 점차 건어물, 술, 곡물(옥수수) 등, Oil, 담배, 소금, 향료, 감귤류(orange, lemon, lime 등) 등으로 교환 물품이 확대되었다. 이동의 둘째 원인은 사회적 이동이다. 사회가 발전하고 전문적 노동의 발생하게 되자, 자연스럽게 제품의 질적 우열이 나타났고, 이는 사회적 분업의 심화라는 결과를 초래했다. 이런 분업은 한 지역 내에서 뿐 아니라 멀리 떨어진 다른 사회 사이의 교환의 필요성을 부각시켰다.

특히 상거래에 화폐가 이용되기 시작함에 따라 장거리 이동에 많은 물건을 가지고 이동해야 하는 불편을 제거함으로써 상거래 목적의 이동이 더욱 활발해졌다.

4) 사회(국가)적 욕구

국가가 부유하고, 국가가 수행해야 할 일이 복잡해진다는 것은 행정적, 정치적, 군사적 활동이 많아지는 것을 의미한다. 국가는 그 영역 안에서 통상적으로 일어나는 행정적 수요 외에도 치안과 국방 등 활동이 요구된다. 특히 제국주의 시대를 거치고 식민지를 얻게 된 국가의 경우 식민지 지배를 위한 활동이 더욱 필요하게 된다.

자국의 세력을 확장하고 산업발달을 지속하는 데 필요한 원자재 공급과 시장 확보 등을 위한 이동 외에도 식민지의 확보와 통치를 위한 여행이 빈번하게 되었고, 이후 이런 이동은 기존의 국가영역에서 벗어나 신대륙을 찾고 이를 활용하는 단계에까지 이르게 되었다.

국가의 활동영역이 커지고 넓어진다는 것은 곧 집권층의 힘이 커지는 것을 의미한다. 이는 집권자의 사치와 낭비, 쾌락추구가 증가한다는 것이며, 별장을 소유하고, 식도락을 즐기며, 사치스러운 의복 등 자신들만의 독특한 생활을 유지하기 위해 더 많은 노예와 특권층이 아니면 누릴 수 없는 새로운 문화의 향유를 위해 외부 세계로부터 부의 유입이 반드시 필요한 조건이 된다. 동시에 이런 조건을 충족시키기 위한 이동이 필요해진다.

5) 인간 본질적 욕구

인간은 다양한 욕구를 가지고 있고, 그것을 이루기 위한 노력을 꾸준히 경주하고 있다. 이런 인간의 근본적인 욕구 중에서 관광의 발전에 중요한 영향을 미친 것으로는 호기심을 충족시키려는 욕구와 인간적 즐거움의 추구, 자신과 다른 사람을 구분하려 하는 차별화 욕구 등을 들 수 있다.

(1) 호기심의 충족

인간이 다른 동물과 구분되는 이유가 호기심이라고 할 정도로 인간에게 호기심의 충족은 기본적인 욕구 중 하나이다. 남극과 북극, 사막, 심해의 바다 속 등 지구상의 극지 탐험과 우주로 향한 인간의 궁금증과 호기심이 인간의 활동영역을 무한히 확대하고 있다. 과거의 인간들은 자신이 잘 모르는 것에 대한 호기심을 충족시키기 위해 많은 노력과 희생을 감수하였고, 그 결과 관광의 양적 · 질적 발전을 이룰 수 있었다.

(2) 즐거움의 추구

초기에는 교역, 전쟁 등 특정한 목적으로 이동이 주를 이루었으나, 1500년경부터 인간의 즐거움을 추구하는 인위적 행사가 나타났고, 즐거움과 호기심을 추구하는 여행이 시작되었다. 특히 로마의 공휴일은 연간 120일에서 150일 이상이었고, 사우나(Sauna) 문화가 발달하여 800여개의 목욕탕을 갖추고 있었으며, 콜로세움(Coloseum)이라고 명명된 원형 경기장에 50,000~180,000명까지의 인원을 수용할 수 있었고, 기독교인을 박해하거나 생명을 담보로 하는 검투사 경기와 전차경기 등과 같은 인위적인 이벤트가 수시로 개최되어 많은 사람들이 로마로 모여들었다.

로마의 전차경기장의 이름을 Circo Massimo(Circus Maximusm) 즉 '흥분과

곡예를 극도로 하는 곳'이라는 의미로 부르고 있었다. 이는 인간에게 주는 자극을 극대화하는 장소라는 의미라고 한다. 자유인들은 공휴일 외에도 노예들의 노동에 근거하여 쾌락을 추구하는 생활을 영위하기 위해서 스포츠나 연극 등의 공연이 활발했다. 이는 사람들에게 카타르시스의 기능을 갖는 것으로 복잡하고 정교한 복장과 음식, 노래와 춤 등을 요구하여 문화발전에 기여하였고, 관광의 동기를 유발하게 되었다. 이런 육체적인 즐거움 추구는 주로 건강상의 목적으로 해안가를 찾거나 경치가 좋은 곳을 방문하고 식도락을 위한 이동의 모습으로 나타났다.

(3) 차별화 욕구

우리는 일반적으로 자신이 주변의 사람들과는 다른 존재라는 것을 남에게 알리고 싶어 하는 욕구를 가지고 있다. 이를 차별화 욕구라고 한다. 정치적, 경제적 안정된 생활이 보장되자 자신의 존재를 과시한다는 면에서 관광은 참여자들로 하여금 남들이 모방할 수 없는 특별한 일을 추구하도록 했다.

부와 지위의 과시, 자존감 발현 등 인간의 원초적인 욕구를 충족시키는 것에 만족하지 않고, 아무도 알지 못하는 새로운 세계를 찾아가는 것과 같은 극단적인 모험에 참가하거나 아무도 할 수 없었던 특별한 일을 이룸으로써 인간의 한계를 극복하고 그를 과시함으로써 특별한 만족을 얻기를 원했다. 이런 인간의 차별화 욕구가 기존의 상식을 넘어서는 새로운 관광으로 실현되고 있다.

2 국제관광 발전 요인

국제관광의 발전을 위한 사회적 배경으로는 사회구조의 발전, 기술 발달, 도시화 진전, 학문적 발전, 여가시간의 증대, 소득 증가, 관광관련 산업발달 등을 들 수 있다.

1) 사회의 발전

사회의 변화에는 계급제도의 발생과 정착, 행정 등 국가조직 정비, 화폐사용 등을 예로 들 수 있다.

현대와는 달리 고대국가에서 관광에 참여할 수 있는 집단은 권력의 핵심에 있는 군인이나 정치가, 종교적인 지위를 가진 성직자, 학문을 주도하는 철학자, 예술가 또는 이윤을 추구하는 부유한 상인 등 모두 사회의 상층부를 구성하는 특수계층이었다. 이들은 막대한 부나 권력 및 노예와 여자들의 노동력을 배경으로 자신들의 미적 이상의 추구와 예술적 유희를 즐길 수 있었다. 이들은 자신의 지위를 과시하기 위해서 또 새로운 문화와 기술을 습득하고 이를 바탕으로 변화를 선도함으로써 자신들의 지위를 유지, 강화하였다.

사회가 발전하여 정치적으로나 사회적으로 민주화가 이루어지고 신분이나 부의 정도와 관계없이 일반 대중이 관광에 참여하게 되는 폭이 넓어지자, 이런 특권적 관광행동에 일반인들이 참가할 수 있는 기회가 주어지게 되었다.

여자와 노예와 같은 피지배층의 노동이 바탕이 되기는 했지만, 사회의 권력구조가 안정되고 질서가 확립됨으로써 지배계급들은 꼭 필요한 관광 외에도 호기심 충족과 육체적 안락함이나 정신적 만족 등 순수한 인간적 즐거움을 추구하는 여행이 가능해졌다. 이런 관광은 초기에는 주로 건강을 목적으로 하였으나, 점차 즐거움을 찾고자 하는 관광으로 발전하였고, 후기에는 자신의 신분적 과시를 위한 관광으로 변질되어 나타나게 되었다.

국가 기능이 안정됨에 따라 도로, 행정 등 제도적 발달이 이루어졌다. 이런 발전은 특권층뿐만이 아니라 점차적으로 일반 대중들도 관광에 참여할 수 있도록 상황이 변화했다는 것을 의미한다. 또 치안이 확보됨에 따라 관광 참여가 위험하거나 어려운 일이 아니라 즐겁고 편안한 것이 되었고 이후 안정적인 여행이 가능할 수 있었다. 특히 화폐의 이용이 일반화된 것은 관광을 비약적으로 확산시키는 힘이 되었다. 즉 관광을 위한 장거리 이동에 많은 물건을 가지고 이동해야 하는 불편을 제거함으로써 보통 사람들이 더 많은 관광의 기회를 얻게 되었다.

이렇게 내적인 요건이 성숙되어 가고 있을 때 영국을 중심으로 산업혁명이 일어남으로써 이상을 현실화할 수 있는 사회적 · 경제적 여건이 갖추어졌다. 경제적인 면에서 사람들의 생활에 엄청난 변화를 초래한 것이 산업혁명이다. 산업혁명을 통해 일어난 사회적 변화는 자본의 축적, 기계 발달과 생산성 향상, 소득의 급격한 증가, 임금노동자의 발생, 도시 발달과 그로 인한 인구의 이동 및 사회문제 발생 등등 과거에는 상상하기 어려울 정도의 변화를 사회 전반에 초래하게 되었다. 즉 단순한 산업의 발전이 아니라 사회 전반에 걸쳐 기존과는 완전히 다른 삶의 모습을 만들어 내는 계기가 되었다.

2) 기술의 발달

관광에 있어서 기술의 발달은 특히 수송수단의 발달과 정보 전달매체 발달로 규정지을 수 있다. 바빌로니아의 '슈멜'(Sumerians)족은 '메소포타미아'문명의 창시자로서 화폐를 발명하고 사용하였으며, 글자와 수레바퀴를 발명하기

도 하였다. BC 4000년경 이집트에서는 배를 만들어 이용하였다. 또 인류는 그 초기부터 도구를 이용하여 편리한 생활을 하는 데 도움을 받았다.

육상 및 해상교통의 면에서 보면 현대의 시각으로 보아도 체계적인 발전을 이루었음을 알 수 있다. 로마의 아우그스투스(Augustus) 황제는 로마 영토 내에 372개 도로 85,000km를 포장하고, 거의 완벽한 도로망을 구축하였다. 그가 완성한 도로는 현재의 상황으로 30여개 국에 망라되고 있으며, 각각의 도로마다 거리 표시와 기준점을 완성함으로써 현대적 관점에서 보아도 손색이 없을 정도로 이용 효율의 극대화를 이루었다. 그리스는 특히 해상교통이 발달하여 길이가 30m로 100t 이상을 수송할 수 있는 배를 운영한 기록이 있다고 한다.

이런 기술의 발달에 더하여 전쟁으로 인한 과학의 발달이 끼친 영향은 결코 무시할 수 없다. 바퀴나 수레 등 수송을 위한 수단이 비약적으로 발달하고, 쇠를 단련하는 기술이 농기구를 개선하였으며, 기후 예측능력을 향상시키는 등 전쟁과 같은 군사적 활동의 영향은 이동의 규모와 거리를 비약적으로 증가시키고, 그 발전은 그대로 관광현상 증가에 결정적인 영향을 미쳤다.

증기기관의 출현은 산업의 발전에 결정적 기여를 했을 뿐 아니라 교통수단의 발전에도 결정적 영향을 미쳤다. 장거리 이동을 위한 거의 유일한 대중교통수단이었던 우편마차는 철도의 등장과 함께 쇠퇴하고, 전국을 정기적으로 운행하는 철도의 탄생은 단일 사건으로는 가장 영향이 크다는 평가를 받을 정도로 혁명적 변화를 가져왔다. 영국을 시작으로 철도의 탄생은 이동에 혁신적 발달을 가져왔는데, 1800년대 초기에는 런던에서 에딘버러까지 10일이 걸렸지만, 철도를 이용하게 된 1830년대에는 45시간으로 단축되었고, 같은 기간에 여행객 수는 15배로 증가하였다.

철도의 이용과 함께 시간의 통일도 변화를 촉진시키는 데 일조를 했다. 1840년 때까지는 각 철도회사마다 다른 시간을 기준으로 각자의 노선을 운행

함에 따라 이용객의 불편이 컸지만, 1880년 그리니치 시간을 영국의 표준시로 확정하여 통일시키고, 이어 1884년 국제 표준시간회의를 거쳐 전 세계에서 동일한 시간을 기준으로 시간대로 구분하는 현대식 시간이 도입됨에 따라 더욱 발전하게 되었다.

철도는 값싸고 안전한 장거리 이동을 가능하게 하였을 뿐 아니라 단체 이동의 문을 열기도 했다. 강력한 금주 주창자이면서 침례교 목사인 Tomas Cook은 1841년 금주동맹에 참가하는 사람들을 대상으로 기차를 임대하여 역사상 최초의 영리를 목적으로 하는 단체 패키지여행을 실시하여 관광의 새로운 지평을 열었다.

철도를 시작으로 나타난 교통수단은 모두 관광에 있어서 혁명적 변화의 원인을 제공하였다. 대형 증기선을 이용해 비교적 안전하게 대륙 간 여행이 가능해졌고, 항공기의 발달은 장거리를 신속하게 이동할 수 있도록 했다. 개인용 자동차는 관광 목적지를 다양하게 바꾸는 동시에 관광의 전반적 모습을 완전하게 바꾸는 원인으로 생각되었다. 이 같은 교통수단의 변화는 그것이 나타나기 전과 후의 관광의 모습을 크게 바꾸게 되었다.

3) 도시화의 진전

근대에 들어 급격하게 이루어진 도시화는 국제관광의 발전에 크게 기여했다. 중세의 농노제 생산방식이 기술 발달과 사람들의 인식의 변화에 따라 급격하게 쇠퇴하게 되자, 이런 생산방식을 기반으로 이루어져 있던 사회제도의 근본이 붕괴되었다. 신분제와 농노제가 무너지게 되자 농촌에서 삶의 기반을 잃어버린 사람들이 도시로 밀려들게 되었고, 특히 신분적 제약이나 직업의 한계를 넘어 설 수 없어 이동이 제한되었던 사람들이 대규모로 농촌을 떠나 도시에 거주하게 되었다. 이에 따라 도시화는 과밀과 혼잡 등의 심각한 문제를

드러내게 되었다.

도시문제는 매우 다양한 영역에서 드러나고 있다. 그러나 그 중에서도 가장 심각한 것은 과밀과 혼잡, 공해, 주택 부족 및 거주 여건의 악화, 노동여건 악화, 범죄 등이라고 할 수 있다. 이런 도시 발달은 도시에 거주하는 사람들에게 건강과 휴식에 관한 욕구가 확산되는 계기가 되기도 했다. 사람들은 단순한 치료의 목적이 아니라 순수한 즐거움의 추구와 친교를 목적으로 바다나 온천 등 과거의 관광명소를 새로운 시각으로 이용하게 되었다. 결국 도시화가 진전되는 것은 도시 발전뿐만 아니라 여기서 나타나는 어려움을 이겨내기 위해 관광을 하고자 하는 욕구도 동시에 자극하는 요인이 되었다.

4) 학문적 발전

시민들의 지적 수준이 높아지고, 다른 세계를 알고자 하는 욕구가 더욱 증대함에 따라 여행에 관한 욕구도 급격히 증가하였다. 플라톤, 아리스토텔레스 등 고대의 철학자들이 학문의 연구 · 발전에 기여했고, 철학의 발달은 노동에 대한 가치관 변화뿐만 아니라 자아의 발견, 도덕적 정치의 실현 등을 가능하게 하였고, 궁극적으로는 여가 가치의 발견으로 발전하였다.

관광을 먼저 경험한 사람들이 기록하여 널리 알려진 외지에 대한 기행문은 사람들의 호기심을 자극하고, 적극적으로 관광에 참여하고자 하는 욕구를 증대시켰다. 관광에 대한 관심을 크게 한 사회적 사건으로는 15-16세기 대항해시대에 스페인, 포르투갈, 영국 등이 이룬 새로운 대륙의 발견과 새로운 문화의 소개 및 1523년 마젤란의 세계일주 항해, 1642년 청교도혁명과 1688년 영국에서 시작된 시민혁명으로 인한 의식의 변화, 즉 시민의식과 주체의식 및 자기만족의 추구 등을 들 수 있다. 특히 14세기부터 17세기까지 전 유럽을 변화시킨 문예부흥(Renaissance)의 시기는 전 세계를 완전히

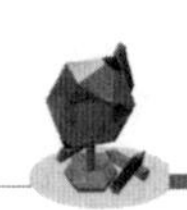

변화시킨 것은 물론 학문적 발전에 혁명적 변화를 초래한 원인이라고도 할 수 있다.

문예부흥과 산업혁명은 사람들의 이런 자각에 매우 중요한 영향을 미쳤다. 문예부흥을 거치면서 사람들은 인간의 위대함과 중요함을 느끼게 되었고, 이에 더하여 여행작가들의 작품은 지적인 호기심을 자극하고, 이것이 행동으로 표현되도록 하는 데 중요한 역할을 했다. 1580년 프랑스의 에세이 작가 몽테그(Michel de Montaigue)는 17개월간 스위스, 남부 독일, 이탈리아 등을 여행한 뒤 1774년에 기행문을 출간하여 많은 영향을 끼쳤다. 그는 여행에 관하여 "여행은 특별한 가치를 갖는다. 인생에 있어서 더 나은 학습은 없다"라고 극찬하였으며, 그의 작품은 '여행문학의 시초'라고까지 생각하게 되었다.

우리나라를 세계에 알린 최초의 기록으로 '동방견문록'이 있다. 이는 1271~1295년의 24년간 마르코 폴로(Marco Polo)가 아시아 전역을 여행한 후 자신의 여행을 기록한 것으로, 마르코 폴로는 그의 아버지와 친척이 베니스의 상인으로서 그들과 같이 상업적 목적을 가진 여행을 한 것이다. 마르코 폴로는 귀국하여 베네치아와 제노아 간의 전쟁에서 포로가 되었고, 이때 작가 루스티첼로에게 자신의 여행경험을 이야기하였으며, 이를 루스티첼로가 기술하여 남김으로써 우리나라가 서방에 알려지는 계기가 되었다.

14~17세기 문예부흥기가 도래하자 사람들은 문명과 예술에 관해 커다란 관심을 가지게 되었다. 과학적 지식의 발달은 지적 호기심을 비약적으로 증대시켰고, 여행작가들의 작품은 이런 호기심을 행동으로 전환시키는 촉진제가 되었다. 콜럼버스(Christopher Columbus)의 아메리카 대륙 발견과 마젤란(Ferdinand Magellan)의 세계 일주, 적극적으로 이루어진 극지 탐험 등 지리상의 발견은 유럽 중심 사고에서 탈피하게 되는 계기를 제공하였고, 일반 대중의 적극적 참여를 촉진하였다.

5) 여가시간과 소득의 증대

증기기관을 바탕으로 한 산업혁명은 생산력의 비약적 향상을 초래했다. 증기기관을 출발점으로 이루어진 급격한 기계화는 사회 전반에 파급되었고, 이를 바탕으로 하여 과거에는 상상할 수도 없었던 생산성 향상이 가능하게 되자, 노동자의 삶 역시 비약적이라고 할 수 있을 정도로 변화할 수밖에 없었다.

노동자 중 일부는 이런 변화에 적응하지 못하고 사회적 빈곤층으로 전락하기도 했지만, 대부분의 근로자들은 기계화의 진전에 부응하는 능력을 갖춘 노동자가 되어 더 많은 혜택을 누리게 되었다. 이들은 기계화로 인한 생산성 향상에 따라 과거의 노동환경에서는 생각하기 어려운 여유시간과 소득의 증가, 특히 자유재량소득의 증가를 이루게 되었고, 이런 변화는 관광에 대한 욕구를 증가시키는 원인으로 작용했다.

사회가 변화함에 따라 경제적인 여유, 신분적 자유를 갖추고, 적극적으로 새로운 지식과 부를 추구하는 부르주아(Bourgeois)라는 신분계층이 나타났다. 이들은 개인적인 능력을 바탕으로 기존 사회질서의 대표라고 할 수 있는 왕족이나 귀족과 경쟁하게 되었다. 이 새로운 집단은 특히 여행을 중시하였다. 여행을 통하여 새로운 지식과 정보를 흡수하고 부를 축적하였고, 개인적인 즐거움을 추구하기도 하였다. 이들은 관광하고자 하는 욕구와 함께 그것을 실행에 옮길 수 있는 경제적이고 사회적인 능력을 갖추고 있는 계층으로 나타났다.

6) 관광인식의 변화

과거 관광이 특권층의 전유물이었던 시대에서 벗어나 점차 참여자가 늘었고, 일반 대중들도 관광에 참여할 수 있게 되었다. 이런 현대를 대중관광의 시대라고 한다. 그러나 이런 명칭은 단순히 표피적인 현상만을 보고 표현한 것에 지나지 않는다. 현대의 관광현상을 단순히 외형적인 사회현상을 의미하는 대중관광에서 한 발 더 나아가서 복지개념을 추가한 복지관광이라고 지칭하는 것이 적절하다고 할 수 있겠다.

복지관광이란 현대의 Mass Tourism에 참여하지 못하는 일부 소외계층에 대해 정부 또는 지방자치단체 등이 지원하여 관광에 참여할 수 있도록 하는, 정책적 배려가 첨가된 관광현상을 의미한다. 이런 변화는 관광에 대한 의식이 근본적으로 변화했기 때문에 가능하다고 하겠다. 즉 국민들이 관광에 참여하는 것이 단순한 즐거움의 추구나 개인의 특별한 목적을 이루기 위한 행위라기보다, 인간이 인간으로서 당연히 누려야 할 기본권으로까지 인정할 수 있다는 공감대가 형성됨에 따라 이런 정책적 배려가 가능해졌다고 볼 수 있다는 것이다.

일반적 관광이 자연발생적인데 비하여 복지관광은 정부나 지방자치단체의 개입을 통하여 관광 관련 시설의 확충, 관광지 개발에 대한 지원과 규제 등을 통하여 전체 관광여건을 개선시키는 인위적 · 제도적 · 정책적인 특성을 갖는다.

복지관광의 궁극적 목적은 모든 사람의 삶의 질을 높이는 데 있다. 관광에 참여하는 사람과 그렇지 못한 사람의 차이를 축소함으로써 사회적 위화감을 없애고, 국민의 보편적 복지를 향상시킨다는 것이다. 개인적으로는 자아실현, 삶에 대한 만족 증진, 성장추구의 인간상 구현, 소속감과 참여의식 고취 등을 통하여 생활의 질 향상을 꾀하고, 사회적으로는 사회적 형평(Social Equity)의 실현과, 관광환경의 질적 향상 및 건전한 여가문화의 정착을 통하여 이런 목적을 추구하고 있다.

이런 복지적 관광에서 더 발전하여, 이제는 특별관심관광(Special Interest Tourism: SIT)의 시대가 되었다. 현대인들은 엄청난 지적 수준의 향상을 이루

었고, 관광과 관련된 다양한 정보를 제공받고 있으며, 개성을 중시하고 끝없는 차별화를 시도하고 있다. DINK(Double Income No Kid : 맞벌이와 함께 아이가 없는 부부)족과 늦은 결혼 또는 독신생활자의 증가 등 자신의 삶의 만족을 중시하는 가치관의 확산 등의 원인으로 인한 관광행태의 변화가 나타나고 있다.

즉 현대인은 관광에서 자신만의 특별한 만족을 중시하고 관광을 단순히 즐기는 것으로 인식하는 것이 아니라 다른 목적을 갖기 원하고, 좀 더 고차원적 만족을 추구하고 있다. 이런 변화에 대해 피어스(Douglas Pearce)는 미래의 관광은 관광객이 방문한 곳에서 관찰자가 아니라 직접 참가하고, 배우고, 경험하는 것으로 사람들이 얻고자 원하는 근원적인 쾌락 외에도 특별한 경험(자신만의 경험)과 여행자가 접하는 문화와 환경에 대한 실질적 이해를 중시하게 될 것이라고 주장하였다.

기존의 관광은 '가짜체험'(pseudo events)으로 만들어서 제공되는 체험이라고 할 수 있다. 관광지의 주민이 관광객이 원하는 상품(관광객이 관광지에서 보고자 하는 대상)을 만들어서 제공한다는 의미로, 실제에 있는 것의 변형일 수도 있고 완전히 상상의 것일 수도 있다. 이런 가짜체험은 관광객들을 유인하기 위하여 창조되기도 한다.

맥카넬(Dean MacCannel)은 이런 가짜체험을 'Tourist Shame'이라고 하고, 여기서 벗어나서 진정성(Authenticity)을 추구하는 관광행동이 SIT라고 하였다. 앞으로의 관광은 복지관광을 기본으로 하고 SIT를 추구하게 될 것이다. 이는 현대인의 가치관광과 일치함으로써 국제관광의 발전에 기여하게 될 것이다.

7) 관광관련 산업발달

고대사회에는 여행에 편의를 제공하는 사회적 배려가 일반화되어 있었다. 여행자들 특히 순례를 목적으로 여행을 하는 사람들은 제우스의 보호를 받는 신성한 존재라는 믿음이 있어서 그들을 환대(hospitality)하는 것이 당연한 것으로 인식되었다. 이런 사회적 여건을 바탕으로 고대사회에서 이미 관광이 상당히 광범위하게 나타나고 있었다. 로마에서는 현재 여행일정을 의미하는 'itinerary'의 어원이 되는 'itinerarium'으로 알려진 여행안내 및 이동시간표가 공식적으로 발간되었고, 각 도시마다 교통과 관련된 공용 서비스 망을 확보하고 있었으며, 전문적 숙박 및 식당시설도 볼 수 있었다.

사회변화로 인하여 관광에 대한 관심과 수요가 급격하게 늘어나고, 부를 추구하는 인간의 욕구가 가세하여 관광하고자 하는 사람들에게 각종 서비스를 제공하는 것을 목적으로 하는 산업이 발전하게 되었다. 정보의 제공에서부터 일반 대중들의 관광욕구 발현을 위한 제반 관련 산업이 현재는 물론 앞으로도 비약적으로 발전하고 무한대의 마케팅활동을 통하여 인간의 욕구를 자극할 것이 분명하고, 그에 따라 앞으로 국제관광은 양적 · 질적으로 발전할 것이라는 점에는 의심의 여지가 없다.

III 국제관광의 구조

1. 국제관광의 구성요소
2. 관광시스템과 국제관광

Ⅲ. 국제관광의 구조

1 국제관광의 구성요소

관광은 관광을 하는 사람(관광의 주체)과 그 사람이 보고 즐기고자 하는 관광의 대상(관광의 객체) 및 이 두 요소를 다양한 측면에서 연결시켜 주는 매개체(관광의 매체)가 있어야 이루어질 수 있다. 이를 관광의 3요소라고 하며, 그림으로 나타내면 〈그림 Ⅲ-1〉과 같다.

〈그림 Ⅲ-1〉 관광의 구조①

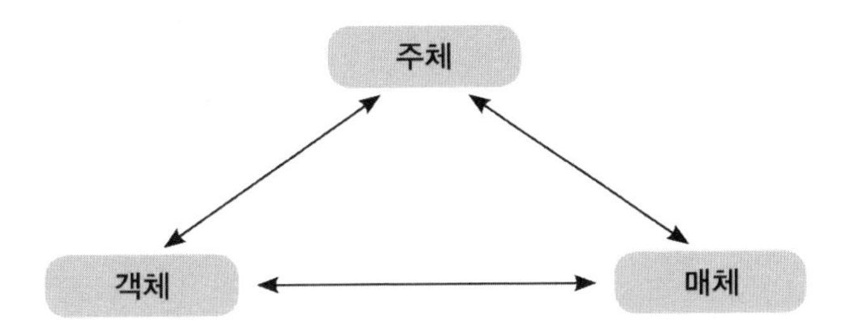

과거 관광이 개인적인 행동이었을 때에는 관광의 주체와 객체만으로 관광이 성립될 수 있었다. 즉 개인이 목적지를 정하고 방문하여 즐김으로써 관광행동이 완성될 수 있었다. 그 후 관광이 좀 더 발전하자 개인이 관광과 관련된 모든 준비와 행동을 하기 어려워졌다. 이런 필요에 의해 관광을 실제 행하기 위해 필요하지만 개인이 준비하기 곤란한 정보나 음식, 교통, 숙박 등 관광을 위해 필요한 각종 서비스를 제공하는 매개체가 나타나게 되었다. 즉 초기에는 관광의 주체와 객체만으로 관광이 성립되었고, 이후 관광현상의 확산에 따라 관광의 주체 및 객체와 함께 매체가 필요하게 되었다.

그 후 관광이 사회현상으로서 중요성이 커지고, 관련된 사람의 이해관계가 첨예하게 충돌을 일으키게 되자 더 이상 개인의 일로 방관할 수 없게 되었고, 정부의 개입이 필요하게 되었다. 즉 관광은 그것의 3요소에 정부가 개입하여 좀 더 복잡한 구조를 가지게 되었다. 이를 그림으로 나타내면 〈그림 Ⅲ-2〉와 같다.

〈그림 Ⅲ-2〉 관광의 구조②

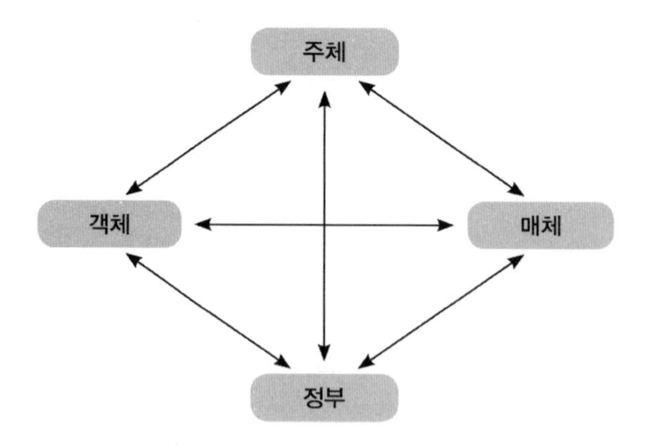

관광이 한 국가의 정치적, 경제적 범위 내에서 이루어진다면 위와 같은 4개 요소의 개입으로 완성될 수 있으나, 관광은 본질적으로 이런 범위를 크게 벗어난다. 즉 관광이 행해지기 위해서는 외국과의 관계도 중요한 영향요소로 작용한다는 점을 간과할 수 없는 것이다. 결국 관광은 주체, 객체, 매개체, 정부의 관계에서 더 나아가 외국정부의 역할이 중요한 영향을 미치게 되고, 이런 현상을 우리는 국제관광이라고 한다. 이런 국제관광의 구조를 그림으로 나타내면 〈그림 III-3〉과 같다.

〈그림 Ⅲ-3〉 관광의 구조③

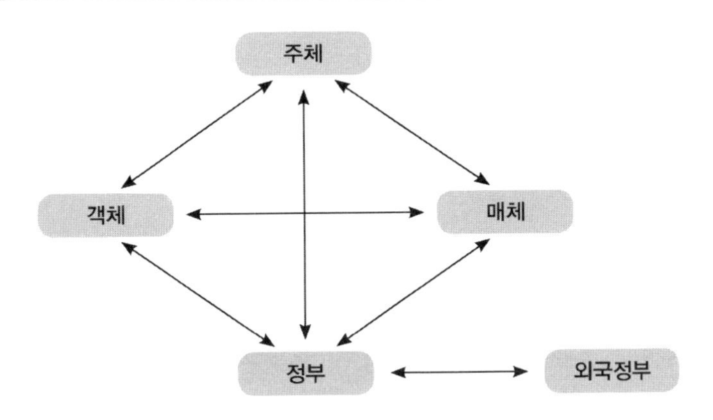

〈그림 Ⅲ-1〉에서 보는 것과 같이 관광의 주체는 매체와 객체 양쪽에 영향을 주게 된다. 즉 주체가 가지고 있는 욕구의 양이나 정도, 유형, 시기 등의 여러 요소가 매체와 객체의 활동과 의사결정에 결정적인 영향을 미치게 된다. 관광의 매체는 주체와 객체를 시간적, 공간적, 지적, 정서적으로 연결하고 그에 합당한 반대급부를 얻으려는 활동을 하는 존재이므로 주체와 객체의 상황에 따라 활동을 결정하게 된다. 객체 역시 그것의 질적인 우수함이나 입지, 종류,

수용능력 등에 따라 관광의 주체를 유인하고 그가 만족할 수 있도록 즐거움과 만족을 제공하고자 하는 존재라는 면에서 또 이런 연결을 매체에 의존하고 있다는 점에서 같은 결론을 내릴 수 있다. 관광의 주체는 객체와 매체가 제공한 서비스나 만족에 대해 대가를 지급하기로 결정하는 것이므로 가격이나 서비스에 대해 고려하고 행동할 수밖에 없다. 결국 이 세 요소는 서로 간에 긴밀한 영향을 주고 또 받는 관계를 형성한다.

정부는 〈그림 Ⅲ-2〉에서 보는 것과 같이 관광의 주체에 대해 기회의 확대(복지관광, 유급휴가, 최저임금 등), 지원 및 제약, 통제나 유도 등의 활동을 하게 되고, 매체에 대해서는 조성과 감독, 통제와 지원, 관리 등에서 거의 절대적 영향을 미치게 된다. 또한 객체에 대해서는 관리와 개발을 통하여 공급의 양과 질을 결정하게 된다. 즉 정부는 관광을 구성하는 기본적인 세 요소에 대하여 상당히 구체적이면서도 결정적인 영향을 끼치고 있고, 또한 그 요소들로부터 영향을 받고 있다.

외국정부는 〈그림 Ⅲ-3〉에서 보는 것과 같이 주로 상대 정부와의 관계를 통하여 관광시스템 전체와 상호작용하고 있다. 정부 간의 협정이나 조약 등을 통하여 상호의존하게 되고 이는 관광을 구성하는 다른 세 요소에 직간접적으로 영향을 미칠 수 있다.

2 관광시스템과 국제관광

관광은 엄청나게 많은 요인들이 상호 관련되어 영향을 주고받음으로써 이루어지는 종합적 사회현상이다. 이런 국제관광을 제대로 이해하기 위해서는 그 구성요소를 구분하고 각각에 대하여 깊이 있는 연구를 시행하는 것이 필요하다. 그러나 동시에 국제관광 전체를 하나로 인식하여 분석하는 종합적 고찰 역시 필요하다. 이런 고찰방식을 시스템적 사고라고 하는데, 이는 국제관광 전체를 하나의 시스템으로 보고 인식하는 방법이다.

시스템은 일반적으로 모든 요소의 투입(input)의 단계와 투입된 요소에 대한 처리와 이해의 과정(process) 또 그 처리의 결과가 나타나는 산출(output)의 세 단계로 구성되고 있다. 동시에 이 과정의 결과를 점검하는 검토(feedback)의 과정이 반복되는 하나의 흐름이라고 이해할 수 있다. 이런 시스템을 그림으로 표시하면 〈그림 Ⅲ-4〉와 같다. 하나의 시스템이 외부환경과 영향을 주고받으면 이를 개방시스템(open system)이라 하고, 상호작용이 없이 독립적으로 존재하면 폐쇄시스템(閉鎖시스템: closed system)이라고 한다. 이를 그림으로 나타내면 〈그림 Ⅲ-5〉와 〈그림 Ⅲ-6〉과 같이 나타낼 수 있다.

〈그림 Ⅲ-4〉 시스템의 기본 구조

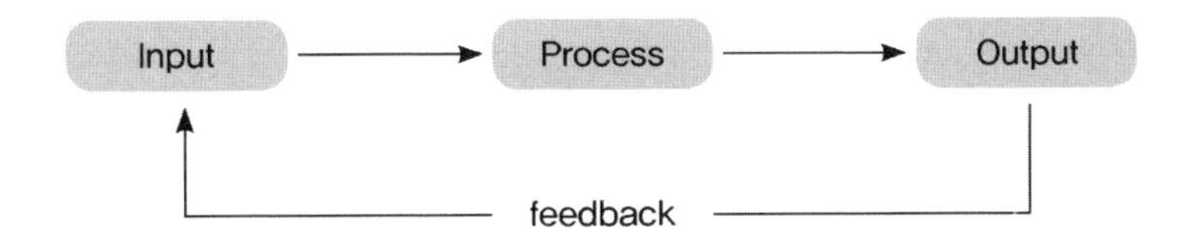

〈그림 Ⅲ-5〉 개방시스템

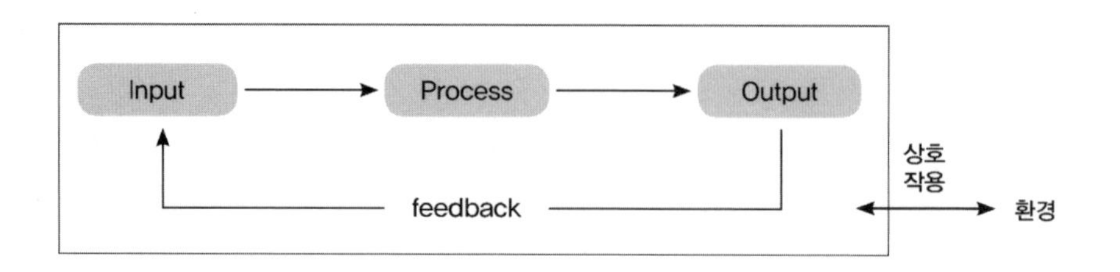

〈그림 Ⅲ-6〉 폐쇄시스템

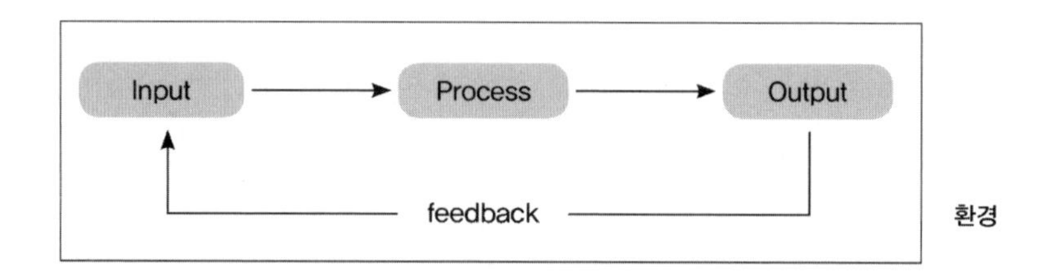

관광시스템의 구성요소는 내적인 요소와 외적인 요소의 크게 두 가지로 나누어 볼 수 있다. 내적 요소는 시스템 내에서 상호작용하며 운용되는 구성요소로 관광객, 관광대상 또는 자원, 시간과 공간적인 서비스 제공자, 즉 관광의 주체 · 객체 · 매체 등이 있다. 외적 요소는 환경요소로서 관광현상에 영향을 미칠 수 있는 모든 외부적 환경요소, 즉 정치 · 경제 · 사회 · 문화 등의 요소를 말한다.

라이퍼(Neil Leiper)에 의하면 관광시스템은 관광의 주체 · 객체 · 매체의 세 요소 외에도 관광배출지, 목적지, 경유지 및 관광주체의 행위가 결합된 시스템이다. 이런 다양한 요소가 개입되어 하나의 시스템을 구성하는 관광시스템은 독립적으로 존재하는 것이 아니라 이 시스템을 에워싸고 있는 다양한 외부 환경의 영향을 받는다. 즉 정치 · 경제 · 사회 · 문화 · 기술 · 법률 등의 다양한

환경이 관광시스템에 영향을 주고받는 상호보완적 관계에 있다.

다시 말해서 이 관광시스템은 단독으로 존재하는 것이 아니라 주변의 여러 환경들과 끊임없이 상호작용을 하고 있는 살아 있는 개방시스템(open system)이다. 〈그림 Ⅲ-7〉에 라이퍼의 이런 주장이 잘 정리되고 있다(Leiper, 1979: 404).

〈그림 Ⅲ-7〉 관광시스템

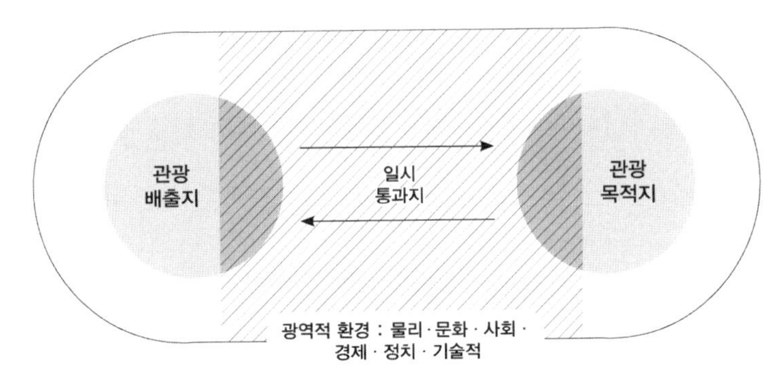

자료 : Leiper, 1979: 404

(1) 관광배출지(origin or tourist generating region)

관광배출지는 관광객의 일상생활권이며 유출(outflow)을 자극하는 곳으로 추진요소(배출요인, push factors)가 존재하는 곳이다. 관광배출지에 존재하는 배출요인은 여행의 형태를 결정하는 요소들로 주로 관광의 주체와 관련된 정신적이고 심리적인 동기 또는 욕구를 나타낸다.

① 사회 · 심리적 욕구 : 도시화, 경쟁, 공해, 스트레스, 소득증대, 자신의 삶의 질을 중요시하는 방향으로의 가치관 변화 등이 작용한다.

② 문화적 동기 : 문화적 이질성에서 나타나는 관광동기로 호기심 발생의 원인이 된다.

③ 아노미 : 익명성, 리미노이드(limlnoid)를 추구하고자 하는 욕구를 가진다. 이 때 리미노이드는 이행성(일시적), 무절제, 방종(성적), 익명성, 친숙감(공범자) 의식을 가지게 함으로써 관광현상을 촉진시킨다.

④ 자아향상의 추구 : 인간은 누구나 자신의 발전을 추구하고자 하는 욕구를 가진다.

(2) 관광목적지

관광목적지는 배출지를 떠난 관광객이 자신의 행로를 결정하게 하는 매력요인을 가진 곳이다. 즉 관광객의 유입(inflow)을 자극하는 장소로 견인요소(흡입요인, pull factors)가 존재하는 곳이다. 관광목적지에 존재하는 흡인요인은 관광객이 매력을 갖게 하는 대상 또는 자연의 특징에 관련되는 것으로 관광의 객체와 관련되며, 목적지까지의 비용 · 거리 · 기후 등이 포함될 수 있다.

① 기업활동 강화 : 마케팅, 정보제공, 안락한 설비, 서비스 등 기업활동이 강화됨에 따라 관광객을 끌어들이는 효과를 얻게 된다.

② 자원의 개발 : 자연 · 문화자원의 개발, 기술력의 향상으로 시간 · 공간적인 불가능의 소멸 등의 원인에 따라 관광객들의 흥미를 유발하고 동기를 일으키게 된다.

(3) 경유지와 관광산업

경유지(transit route)는 출발과 도착의 중간지점으로 일시적 기착지이다. 경유지는 관광배출지와 관광목적지의 성격을 동시에 가지고 있으나, 교통수단의 특성상 필요한 중간기착지와 같은 단순경유지의 경우에는 관광에서 큰 의의를 가지지 못한다.

경유지를 포함하여 빗금이 있는 부분은 주체와 매체의 차이를 메워 주는 각종 관광관련 산업이 존재하는 영역이다. 관광산업은 단순히 관광의 주체와

객체를 시간이나 공간적으로 연결하는 사업체일 뿐만 아니라 관광배출지에서 목적지에 이르는 모든 단계에서 관광객의 의사결정과 관광행동에 영향을 주는 모든 산업적 요소를 포함하는 개념으로 이해할 수 있다.

International Tourism

IV 국제관광의 효과

국제관광론

Ⅳ. 국제관광의 효과

국제관광은 외부의 환경과 영향을 주고받는 개방시스템이다. 이 때 국가 간에 많은 사람이 이동하여 서로를 방문하고 그와 더불어 자본과 기술, 문화의 교류 등으로 엄청난 파급효과가 나타날 수 있다. 국제관광이 실행됨에 따라 시스템의 외부 환경에 대해 영향을 주는 경우가 국제관광의 효과라고 할 수 있다. 국제관광에 의해서 영향을 받는 영역은 정치, 경제, 사회, 문화, 기술 등 매우 다양하다.

국제관광의 효과는 모두 같은 정도와 기간에 나타나는 것은 아니다. 효과는 부문에 따라 단기적으로 나타나고 강력하게 보여지는 경우와 장기적이고 미미하게 나타나는 경우가 있다. 일반적으로 경제적인 효과는 단기적이고 크게 나타난다. 특히 국제관광에 대해 관심을 갖는 많은 경우가 그 경제적 혜택을 얻으려는 경우가 많아 경제적인 효과에 더 많은 관심을 갖고 있다. 반대로 사회 · 문화적 영역이나 정치적인 부문, 법적 또는 기술적인 면에서의 효과는 장기적이면서 작게 나타나는 것이 일반적이다.

우리나라를 비롯하여 많은 관광목적지에서 국제관광에 관심을 가지게 된 이유는 경제적 발전의 원동력으로 관광객이 지출하는 외화가 중요한 기능을 했기 때문이다. 상당수의 국제관광 목적지는 상대적으로 부유한 나라의 관광객 또는 지출할 의사를 가진 관광객에게 자국이 가지고 있는 관광자원과 서비스를 제공하고 그로 인한 수입을 얻는다.

우리가 일반적으로 사용하는 "관광객"이라는 용어도 이런 관점에서 이해할 수 있다. 즉 관광하러 오는 사람들은 손님으로 자신에게 제공된 서비스에 대해 적절한 가격을 지급하는 즉 소비하는 주체라는 의미를 가진다는 것이다.

경제적인 면에서는 매우 긍정적인 효과를 나타내는 국제관광이지만, 동시에 부정적이거나 바람직하지 못한 효과도 동시에 발생한다. 모든 것이 그렇지만 국제관광의 효과에서도 비용(cost)과 편익(benefit)이 동시에 발생한다. 이때 편익은 주로 경제적인 면에서 발생하고 비용은 주로 사회 · 문화적인 면에서 발생하게 되는데, 우리가 경제적 편익을 강조하고자 하기 때문에 부정적 효과가 축소되거나 무시되기 쉽다

국제관광은 관광의 한 부분으로 관광에서 나타나는 효과를 모두 보여주고 있다. 여기서는 관광의 효과를 바탕으로 국제관광의 관점에서 추가적으로 나타나거나 특히 중요시되는 효과에 관하여 언급하고자 한다.

1 국제관광의 사회문화적 효과

1) 국제친선의 증진과 상호이해 증대

국제관광은 기본적으로 많은 사람과 물자, 정보, 기술의 교류를 전제로 한다. 국제관광이 원활하게 이루어지기 위해서는 관광객을 송출하는 나라와 관광객을 받아들이는 나라 사이에서 관광객이 관광을 목적으로 출발하기 전부터 정보의 제공 등과 같은 교류가 시작되고, 이동, 숙박, 식사, 관광목적지 방문, 기념품 구입 등 관광과 관련되는 모든 서비스의 제공을 위해서는 인적 · 물적으로 두 나라 사이에 많은 사전 및 사후교류가 필수적이다.

이렇게 다양한 분야에서 많은 교류가 있게 되면 서로 간에 이해의 폭을 넓힐 수 있다. 서로가 상대방의 생각과 행동에 대한 충분한 이해와 배려를 통해 국가 간 발생할 수 있는 분쟁을 사전에 방지하거나, 혹 문제가 발생했다고 해도 이를 조기에 해결할 수 있는 바탕을 마련할 수 있다.

2) 국가이미지 개선

많은 사람들이 다른 나라 특히 저개발 국가에 대해 잘못된 인식을 가지고 그것이 그 나라의 전체 모습이라고 생각하는 경우가 있다. 즉 경제적으로 풍요롭지 못하다는 점을 확대 해석하여 그 나라가 정신적, 문화적으로도 풍요롭지 못하다고 잘못 판단하는 경우가 많이 생긴다는 것이다.

이렇게 특정 국가에 대해 잘못된 이미지를 가지고 있을 경우에 그것을 바로잡고 국가이미지를 향상시키는 방법으로 국제관광을 들 수 있다. 상호 방문과 문화의 체험은 대상을 잘 알지 못하고 가질 수 있는 잘못된 이미지 개선에 효과적이다. 즉 외부에 잘못 알려져 있는 국가에서 많은 나라의 외국인을 대상으로 국제관광을 시행할 수 있다면 국가의 이미지를 개선하는 효과를 얻을 수 있다.

3) 고유문화 소멸 위험과 문화 획일화 현상의 확산

국제관광은 목적지 국가가 자기가 가진 자연과 문화를 관광하고자 하는 사람들에게 대가를 받고 즐기도록 하는 것이다. 이 때 자신이 가지고 있는 것의 보전이 문제가 될 수 있다. 즉 관광객이 원하는 것은 “다른 것”이지만, 대부분의 관광객은 그것의 본질을 이해하고 깊이 있는 즐거움을 찾는 것이 아니라 쉽게 얻을 수 있는 말초적 즐거움에 만족하고 그것을 원하게 된다.

관광을 통한 수입의 극대화나 관광의 양적 증가를 이루기 위한 목적으로 이런 관광객의 욕구에 부응하는 기간이 오래되면, 그 지역의 고유한 가치관과 전통생활의 원형이 붕괴될 가능성이 커진다. 어떤 지역의 가치관과 문화는 그 지역의 자연적 배경과 사람들의 경험 및 사고가 오랜 시간 동안 어우러져 생겨나고 변화되어 이루어진 것이다. 이런 가치관과 문화를 잠깐 방문하는 관광객의 욕구대로 변형시켜 제공한다는 것은 매우 심각한 문제를 야기할 수 있다.

관광객의 요구에 따르고 지역의 고유한 문화가 그들이 원하는 방향으로 변형된다는 것은 관광객이 가지는 문화와 관광목적지의 문화 사이의 차별화가 어려워진다는 것이다. 이는 결과적으로 관광목적지의 문화가 관광객이 가지고 있는 문화의 아류가 되고 양국의 문화가 유사한 특성을 가질 수 있다는 것이며, 결국 관광지의 고유문화가 소멸할 수 있는 위험을 내포한다.

4) 민족적 자긍심 영향

외국에서 온 많은 관광객이 자국의 문화를 보고 즐기고 긍정적으로 받아들인다면 그 문화의 주체로서 느끼는 자긍심은 커질 수 있다. 이런 경험을 한 사람들은 많은 사람들이 감탄하는 문화의 창조자로서 자신들의 문화를 더 아끼고 발전시키기 위해 노력할 것이다.

반대로 외부의 많은 관광객이 자신들의 문화를 저급하고 야만적인 단순한 흥미 거리로 받아들이고 행동할 경우에 문화에 대한 스스로의 자긍심에 상처를 받을 수밖에 없다. 그럴 경우 자신들의 정체성에 대한 회의를 갖게 될 수 있다. 특히 이런 상황이 부유한 관광객과 그렇지 못한 관광지 주민의 관계로 나타난다면 그 영향은 더욱 커지게 될 것이다.

즉 관광객의 대부분인 가진 자가 관광지 주민의 대부분인 못 가진 자의 생활을 구경하는 대가로 현금을 지급하는 것으로 인해 주민은 경제적, 문화적으

로 열등감을 느끼게 되며, "문화적 동물원"의 구성원이 되고, 그들의 일상생활은 방문객을 위한 "전시용"으로 변하는 과정에서 경제적 내지 문화적 박탈감을 경험할 수 있다.

5) 부정적 영향의 국제화

관광은 일시적으로 많은 사람들이 한 곳에 집중하는 현상을 보인다. 이는 환경의 훼손과 오염, 혼잡과 밀집으로 인한 부정적 영향, 범죄 발생 등 다양한 영역에서 많은 문제점이 노출될 수 있는 사회적, 심리적 배경을 제공할 수 있다.

특히 관광은 자신의 일상적 생활영역을 떠나는 것이다. 일상에서 벗어나 관광에 참여하는 경우 대부분의 관광객은 사회적 익명성을 보장 받고, 리미노이드(liminoid)를 추구하는 심리적 특성을 갖게 된다.

더욱이 국제관광은 모두 다른 문화적 특성을 가진 사람들의 모임이다. 이런 요소들이 결합하여 부정적인 방향으로 작용할 경우 매우 심각하고 회복이 어려운 부정적 영향이 광범위한 공간과 시간에 퍼져나가고 깊은 상처를 줄 수 있는 가능성이 있다.

2 국제관광의 경제적 효과

한 국가는 자원과 인력 등에서 모두 한계를 가지고 있다. 또 기후 등 자연조건과 문화적 배경이 다르다. 따라서 자국이 가지고 있는 모든 잠재력을 동원하여 경제적 발전을 꾀할 때 모든 산업의 모든 분야에서 다른 나라에 비해 강점을 가질 수는 없다.

국제관광은 이렇게 여러 한계 속에서 경제적 발전을 원하는 경우에 한계를 극복할 수 있는 기회를 제공한다. 즉 관광자원을 풍부하게 가지고 있는 나라의 경우 다른 산업에 비해 관광산업에 우선적으로 투자함으로써 초기 자본과 기술을 확보하는 데 유리할 수 있다. 또 이런 바탕을 활용하여 다른 산업발전을 촉진할 수 있는 힘을 가지게 된다.

이런 가능성은 관광산업이 산업연관효과가 크다는 데서 받아들여진다. 관광산업은 그 자체의 발전에서 그치는 것이 아니라 강력한 생산유발효과를 보인다. 즉 관광과 관련된 소비와 투자 양측에서 파급효과가 발생한다는 것이다. 관광객의 소비, 관광객 유치를 위한 투자관광산업이 발전하면 그를 통해 관련 산업의 생산이 증대된다. 즉 관광산업이 선도적 역할을 하고 그를 통해 다른 산업이 발전하여 국가경제의 발전에 기여할 수 있다.

그러나 한 국가의 경제발전이라는 면에서 관광산업과 같은 3차산업의 비중이 지나치게 커질 경우 많은 문제점을 가지게 되는 것이 사실이다. 제조업이나 1차 산업이 발전하지 못했을 때 국민의 생활 전반이 외국 상품과 자본, 기술에 대한 의존도가 증가하고 가격 상승이나 환경의 변화에 대응하기 어려워 궁극적으로 경제 운영 전체가 다른 나라에 예속되는 문제를 야기하게 된다. 특히 이런 것이 특정 국가에 집중될 경우 양국 간의 관계에 따라 국가 운영 전체에 영향을 미치게 때문에 매우 심각한 문제라고 할 수 있다.

V

국제관광의 장애요인과 발전요인

1. 정치적 요인
2. 행정적 요인
3. 경제적 요인
4. 사회문화적 요인
5. 기술적 요인
6. 기타 영향 요인

국제관광론

Ⅴ. 국제관광의 장애요인과 발전요인

현대사회의 특성상 국제관광은 매우 활성화되어 있고 앞으로도 계속 확대되고 일반화되어 갈 것이라는 데에 대해서는 이견의 여지가 없다고 하겠다. 현재 우리가 보고 있는 대부분의 관광행위 역시 국제관광으로 이해될 수 있다. 국제관광이 이렇게 일반화될 수 있었던 것은 그것을 둘러싸고 있는 환경이 국제관광의 활성화에 도움이 되었기 때문이다.

이렇게 일반화되어 있는 국제관광이지만 국가 간의 경계를 넘어서는 행동이고 각국 사이의 이해관계가 서로 다르기 때문에 많은 장애요인이 아직 존재하는 것이 사실이다. 많은 나라에서 상호 발전을 도모하기 위하여 여러 부문에 잠재되어 있는 장애요인을 없애려는 노력을 적극적으로 진행하고 있지만, 완전히 자유로운 관광은 요원하다고 하겠다.

관광은 시스템으로 이해될 수 있다. 또 이 시스템은 주변의 환경과 긴밀하게 상호작용하고 있는 개방시스템이다. 따라서 국제관광의 발전을 생각할 때 환경과의 상호작용을 간과한다면 올바른 대응이 불가능할 것이다.

1 정치적 요인

한 국가 안에서 발생하는 관광과는 달리 국제관광은 두 국가 또는 여러 나라 상호간의 정치적 환경이 결정적인 영향을 미친다. 냉전시대의 국제관광과 전 세계적인 화해 분위기에서의 국제관광은 분명히 다를 수밖에 없다. 구소련의 붕괴와 국제적 해빙 분위기, 중국의 개방정책, 국제적 테러와 전쟁, 우리나라와 북한 및 다른 우방국가와의 관계, 유럽통합, 북남미의 화해 등등 긍정적인 국제정치적 환경은 국제관광의 양적 · 질적 변화를 결정짓는 주요한 원인이 된다. 반대로 국가 간의 갈등의 심화나 관계의 악화, 지역분쟁, 영토문제 등은 부정적 영향을 주고 있다.

2 행정적 요인

일반적으로 국제간의 여러 규제는 완화되고 있다고 생각할 수 있다. 그러나 국제적인 테러단체의 활동이나 마약 등과 같이 금지대상이 되는 특정 사람과 물품에 대한 각국 정부의 규제는 더욱 엄격하게 행하여지고 있다. 각국 정부는 세계적으로 여파가 큰 사건이 일어날 때마다 자국민의 안전 확보와 경제적 · 문화적 목적으로 외국 관광객들을 제한하거나 자국민의 해외 관광을 규제 등의 제한을 강화하고 있다. 이런 이동의 규제는 국제관광의 발전에 악영향을 끼치고 있다.

3 경제적 요인

국가 사이의 사람과 물건의 이동이 전제되는 국제관광에서 경제적 환경 역시 무시할 수 없는 변수가 된다. 환율의 변동, 국제금리의 변화, 유가 변동, 각국의 물가와 임금의 수준과 변화 정도 등과 함께 각국의 시장개방의 정도, 한 국가 또는 지역경제권의 경제변동, 전 세계적인 경기침체나 호황 등이 국제관광에 영향을 미친다.

전 세계적으로 지속적으로 생산성이 향상됨에 따라 부의 축적이 늘어나고, 그 당연한 결과로 대부분의 나라가 극빈의 상태에서 벗어나고 있고, 각국에서 복지정책을 실시함으로써 국가 내에서의 극빈층도 감소하고 있는 등의 긍정적인 변화와 함께 질병, 전쟁 등의 원인으로 경제적 어려움이 가중되는 지역도 나타나고 있다.

이런 경제적 환경은 국제관광 참여자들의 지출 능력에 결정적 영향을 끼치는 요인이기 때문에 특히 예민하게 반응한다고 볼 수 있다.

4 사회문화적 요인

사회문화적 환경도 국제관광에 영향을 준다. 전 세계적으로 고령화 사회가 진전됨으로 해서 노인의 관광 참여가 급증하고 있고, 이들을 위한 일반적 관광상품뿐 아니라 의료관광 상품이 개발되어 국제관광의 참여대상이 급격하게 늘어났고, 이는 당연한 결과로 국제관광의 양적 증가를 촉진하고 있다. 여성의 사회적 지위 향상과 사회참여 증가, 기계를 이용한 생활양식의 변화, 자신의 삶을 중시하는 가치관 변화, 노동시간 축소의 일반적 변화, 환경에 대한 관심 증가 등은 국제관광에 긍정적 영향을 주는 환경변화라고 할 수 있다. 특히 최근의 국제화에 대한 관심은 앞으로의 국제관광이 지금까지와는 비교가 되지 않을 정도로 비약적인 발전을 할 것이라는 예측을 가능하게 한다.

5 기술적 요인

국제관광이 발전할 수 있는 모든 환경이 갖추어져 있다고 해도 실제에서 그것이 불가능하다면 아무런 의미가 없을 것이다. 따라서 기술적 환경 즉 수송수단, 통신수단, 의료기술, 정보전달 기술 등의 발달은 국제관광의 수요와 공급을 연결시켜 주는 결정적 역할을 한다. 잠재적 국제관광 수요자들의 욕구를 현실화시켜 줄 수 있는 기술이 현대에 들어 빠른 속도로 발전하고 있기 때문에 국제관광이 좀 더 확산될 수 있었다.

6 기타 영향 요인

국제관광은 매우 다양한 요인이 영향을 주어 결정하게 된다. 예를 들어, 언어상의 장벽이 크다든지, 우리나라와 일본, 독일과 이스라엘 등과 같이 과거 역사적 배경으로 인한 민족감정의 존재 여부가 영향을 줄 수 있다. 또 서양사회와 아랍권의 갈등과 같이 종교적 배경을 가진 요인 등이 영향을 미칠 수 있다.

VI

관광객과 지역주민의 관계

1. 관광객에 대한 지역주민의 태도
2. 관광객에 대한 감정 변화

국제관광론

Ⅵ. 관광객과 지역주민의 관계

일반적인 경우 국제관광을 즐기는 관광객과 지역주민의 접촉은 많이 일어나지 않는다. 특히 단체관광의 경우 실질적인 접촉이 거의 없다고 해야 할 것이다. 개별자유여행자(FIT : Free Independent Tourist)의 경우에도 사업체 종업원이나 같은 시설을 이용하는 순간적 접촉 등이고, 실질적인 접촉은 개인적인 인연으로 인한 특별한 경우에 제한적으로 나타난다고 할 수 있다.

또 관광지의 정부나 주민들이 의도적으로 관광객과 주민의 접촉을 제한하는 경우도 많이 있다. 이는 관광객들이 원하지 않아서 일어나는 자연스러운 결과이기도 하지만, 목적지의 고유한 문화와 정신을 지키기 위한 노력의 일환으로도 볼 수 있다. 그 예로는 문화의 고유성을 보존하기 위하여 관광객에게는 만들어진 문화를 제공하는 민속촌과 관광객을 위한 특별한 지역을 거주민의 일상생활 구역과 실질적으로 구분하는 집단시설지구 등 공간적이고 물리적인 구분이 있다.

사람들 간의 만남도 관광객을 직접 상대하는 관광업 종사자 외의 지역주민은 실질적으로 관광객과 만날 기회가 없는 것이 현실이며, 관광종사자라 하여도 근무시간에만 만남으로써 업무적 접촉으로 제한되어 있는 것이 일반적이다. 따라서 관광객은 지역주민의 실제적 삶의 모습에 대한 이해가 절대적으로 부족하게 된다. 이런 관계를 피상적 관계(superficial relationship)라고 한다.

이렇게 만남의 기회가 제한적일 수밖에 없는 이유는 관광객과 지역주민은 근원적으로 불평등한 관계를 전제로 한 만남이기 때문이다. 즉 관광객과 지역주민은 소비자와 공급자 관계로 한 집단은 소비하고 금전적 부담을 하고 한 집단은 그들이 소비한 돈으로 생활을 유지하는 관계이기 때문에 출발점에서부터 동등한 만남은 쉽지 않다고 하겠다.

특히 이런 관계가 선진국 국민과 저개발국가 국민이라는 틀 속에 들어가게 된다면 이런 관계는 단순한 불평등의 관계에서 더 나아가 종속관계가 나타나게 된다. 즉 선진국의 의도적 개입으로 생긴 구조적 불평등관계로 인해 저개발국가가 빈곤에서 벗어나지 못한다고 생각할 수 있다. 결국 후진국은 계속 싼 원료공급지, 비싼 상품소비지, 불평등 교역 대상국으로 고착화되어 빈곤에서 벗어나지 못한다는 것이다.

이런 종속관계는 다음과 같은 형태로 나타날 수 있다.

① 자본의 종속 : 투자자본이 없는 후진국을 대신하여 선진국 자금이 투자되고, 그에 대한 과실을 본국에 송금함으로써 실제 이익은 선진국에서 가지게 된다. 후진국은 자금의 축적이 이루어지지 않고 새로운 투자는 항상 선진국에 의존해야 한다.

② 기술의 종속 : 기술제공은 선진국이 하고, 후진국은 단순한 업무를 담당함으로써 항상 기술을 선진국에 의존해야 한다.

③ 경영의 종속 : 기업의 경영은 선진국에서 파견 나온 전문경영자가 담당하고, 지역주민 또는 후진국 국민은 단순직에 종사하면서 지휘를 받는다.

④ 제품의 종속 : 기술과 자본이 필요한 신제품은 선진국으로부터의 수입에 의존하고, 후진국은 소비시장으로 전락하게 된다.

⑤ 시장의 종속 : 후진국은 상품의 판매나 국제관광 관광객을 특정 관계에 있는 선진국에 의존하게 된다. 특히 시장이 편재되었을 경우에 매우 심

각한 문제를 야기할 수 있다.

이런 종속의 관계가 심화될 경우 지역주민의 자긍심 상실과 같은 부작용이 초래될 수 있다. 특히 이런 현상이 관광과 관련되어 나타날 경우 선진국 국민들 사이에 관광목적지가 되는 후진국 관광지를 "놀이터"로 인식하는 문제가 나타나기도 한다.

1 관광객에 대한 지역주민의 태도

관광목적지의 주민은 자신이 처한 사회적 · 경제적 상황에 따라 관광객에 대한 반응이 다르게 나타날 수 있다. 지역주민이 관광객과 맺는 관계를 집단별로 정리하면 〈표 Ⅳ-1〉과 같다.

〈표 Ⅳ-1〉 지역주민 집단과 관광객의 관계

집단	구성원	관계정도	유치	대 관광객 태도
제1집단	택시 운전사, 기념품 판매원, 식당 주인, 여행사 직원 등	직접적 지속적	적극적	외형적으로는 호의적(경제적 목적)
제2집단	건설업체, 부동산 관계자 등	비정기적 간접적	호의적	외형적으로는 호의적(경제적 목적)
제3집단	관광지 주변의 농민, 민박 운영자 등	비정기적 간접적	호의적	무관심 부정적 영향
제4집단	관광객과 이해관계가 없는 대부분의 지역주민	접촉 없음	부정적	적대적(환경 파괴나 범죄 증가 등)
제5집단	정치인, 노조지도자 등 개인적인 접촉은 아니지만 집단적 이익과 관계되는 집단	접촉 없음	중립적	중립적(관광객과 지역주민 양쪽의 입장을 모두 수용)

관광객에 대한 주민 개개인의 태도와 관광객에 대한 대응행위는 각 개인이 갖는 감정과 이해관계에 따라 다르게 표현된다.

먼저 지역주민이 관광객에 대해 우호적인가 그렇지 않은가에 의해 두 집단으로 나뉘게 된다. 또 우호적인 경우에도 관광과 관련된 활동에 적극적으로 지원하고 촉진활동에도 기여하는 집단이 있고, 적극적인 협조를 하지는 않고 소극적인 수용과 지원에 그치는 집단이 있다.

다음으로 기본적으로 관광객에 대해 우호적이지 않은 태도를 가진 비우호적 집단이 있다. 이들 역시 두 집단으로 나룰 수 있는데, 하나는 우호적이지는 않지만 적극적인 반대도 하지 않는 소극적 비우호 집단이 있다. 이 집단은 관광객에 대해 일부 수용적 입장을 나타내기도 한다. 또 하나의 집단은 관광객을 적극적으로 반대하는 집단이다.

이런 지역주민의 관광객에 대한 태도를 정리하면 〈표 Ⅳ-2〉와 같이 나타낼 수 있다.

〈표 Ⅳ-2〉 관광객에 대한 지역주민의 태도(Mathieson & Wall, 1982: 139)

	활동적 ←	→ 수동적
긍정적 ↑	**우호적** (관광객에 적극적 지원과 촉진)	**우호적** (약간의 수용과 지원)
↓ 부정적	**비우호적** (적극적 반대)	**비우호적** (수용, 반대)

2 관광객에 대한 감정 변화

관광지 주민은 관광객이 지역사회에 빈번하게 나타남으로써 그에 대한 감정적 반응을 보이게 된다. 관광객에 대한 지역주민의 감정은 한번 생기면 그대로 유지되는 것이 아니라 관광객의 수나 출현 빈도 등에 영향을 받아 변화하게 된다. 지역주민의 감정은 다음과 같이 다섯 단계로 변화한다.

① 행복감의 단계

행복감의 단계(the level of euphoria)란 주민들이 관광과 관련된 개발과 관광객들의 지출로 인해 긍정적으로 나타나는 경제적 효과로 인하여 행복감에 젖어 있는 상태이다. 따라서 관광객은 환영받고 주민과 관광객 모두 만족감을 느낀다.

② 무관심의 단계

무관심의 단계(the level of apathy)는 관광개발이 어느 정도 지속되어 특별한 감정을 표현하지 않는 단계이다. 관광개발이나 관광객의 방문은 단순히 경제적 부를 가져다주는 대상일 뿐으로 인식되고 다른 특별한 감정을 수반하지 않는다.

③ 분노의 단계

관광객에 의해 얻는 부가 어느 정도 시간이 흐른 후에는 당연시된다. 이 분노의 단계(the level of irritation)가 되면 관광객으로 인해서 얻어지는 경제적 편익은 무시되고, 관광객의 행동에 대한 부정적 인식이 나타나고 관광객의 행동에 대해 분노하게 된다.

④ 적대의 단계

적대의 단계(the level of antagonism)는 관광지에서 발생하는 모든 사회문제가 관광객에 의해서 발생하고 심화된다고 생각하는 단계이다. 따라서 지역주민은 기본적으로 관광객을 증오하게 된다.

⑤ 묵인의 단계

마지막 단계는 묵인의 단계(the final level abandonment)이다. 이 단계는 관광객의 행위를 바꿀 수 없는 현상으로 인식하고 받아들인다. 관광객에 대해 적대적 감정을 가지고 있기는 하지만 그 감정을 밖으로 표현하지는 않는다.

Ⅶ

문화의 상품화

국제관광론

Ⅶ. 문화의 상품화

1 문화와 문화관광의 이해

문화는 매우 광범위한 대상에 대해 생각하는 것이므로 그것을 정의하는 것은 매우 어렵다고 하겠다. “문화는 흔히 인간의 상징행위, 전 인류의 기억, 사회의 성원으로서 획득한 지식, 신앙, 예술, 도덕, 법률, 풍습 및 기타의 기능 또 관습을 포함하는 복합적 전체” 등으로 매우 추상적으로 인식되고 있다.

기어츠는 사람과 문화의 관계는 거미와 거미집의 관계라고 말한 베버의 의견에 동의하면서, “사람은 스스로 짠 의미의 그물망에서 매달려 있는 동물이다. 문화가 바로 그 그물망이므로 그것에 대한 분석은 법칙에 대한 경험적 과학의 입장이 아니라 의미의 연구에서 오는 해석이라고 생각한다”고 했다.

문화를 이해하는 관점에 따라 서로 다를 수 있겠으나, 가장 넓은 범위의 문화개념은 자연과 대립되는 것으로 설명할 수 있다. 인류학자들에 의해 정의된 문화개념은 “한 사회, 한 민족집단의 생활양식” 즉 그 사회의 구성원이 태어나서부터 성장과정에서 익혀진 것들인 모든 생활을 문화로 규정한다. 이런 관점에서 본다면, 문화는 대체로 한 인간집단의 생활 전반에 나타나는 것으로

보고 있다고 할 수 있다.

고전적인 개념으로 테일러는 문화를 "지식 · 신앙 · 예술 · 법률 · 도덕 · 관습, 그리고 사회의 한 성원으로서의 인간에 의해 얻어진다는 능력이나 관습들을 포함하는 복합적 총체'라고 기술하고 있다. 문화인류학적 관점에서 문화를 정의한 크레베는 "문화는 전통적인 이념과 그 이념에 구현된 가치로 구성되며, 문화체계는 행위의 산물로서 그리고 그 행위의 조건이 되는 요소로서 이해된다"고 하였으며, 레비 스트로스는 문화를 구조주의적 관점에서 이해하여 언어 · 사회조직 · 법 · 종교 등은 사회 혹은 공동체의 구조화된 측면이며, 문화는 인간의 의사소통활동이 결국 공동체의 구조화된 영역에 어떻게 반영되어야 하는가를 결정하는 규율로 보았다.

법학자인 우도 스타이너는 문화를 사회 내부에서의 전형적인 생활양식 · 가치관 · 행위방식의 총체로 보았다. 그리고 문화의 법학적 의미에 대해 국가에 대하여 특별한 관계에 있는 인간의 정신적 · 창조적 활동의 영역, 즉 학문 · 교육 · 예술에 대한 합의 및 집합개념으로 파악하고 있다.

문화에 대한 이해를 바탕으로 문화관광을 보면, 세계관광기구(UNWTO)에서는 "문화관광이란, 협의로는 연구여행(탐구여행), 예술문화여행, 축제 및 기타 문화행사 참여, 유적지 및 기념비 방문, 자연 · 민속 · 예술연구여행, 성지순례 등 본질적으로 문화적 동기에 의한 인간들의 이동이고, 광의의 문화관광은, 개인의 문화수준을 향상시키고 새로운 지식, 경험, 만남을 증가시키는 등 인간의 다양한 욕구를 충족시킨다는 의미에서 인간의 모든 행동을 포함하는 것이다"라고 했다. 이선희는 UNWTO의 문화관광 개념을 원용하여 인간의 정신과 물질세계 전반을 포함하는 총체적 개념으로 이해할 것을 강조하고 있다.

한국관광공사는 "문화적 동기를 가지고 전통과 현대의 다양한 문화를 적극적으로 체험하는 '특정 관심분야 관광의 일종'이라고 함으로써 문화관광을 정

의하고 있으며, 문화관광이 관광성을 가져야 한다는 측면에서 기존의 '보는 관광'의 차원에서 한걸음 나아가 '체험하는 관광'이 되어야 함을 강조하고 있다.

이상과 같은 정의를 관광객 관점에서 볼 때, 문화관광은 문화적 접촉을 통해 문화적 체험을 하는 것으로 타 지역의 정치, 경제, 사회, 예술 등 전반에 관한 폭넓은 이해를 촉진시키는 한 방법이며, 타 지역에 대한 호기심 이상의 것을 제공한다. 또한 문화관광은 관광객이 타 지역을 방문함으로써 지적인 욕구를 충족시킴과 아울러 교류를 통해 상호간의 신뢰를 증진하는 하나의 방법이라고 할 수 있다.

따라서 문화관광은 과거로부터 전래되어진 유물이나 유적지와 같은 유형적 관광자원뿐만 아니라 인간의 정신세계와 사회체계 등을 포함하는 개념으로 파악하여, 타 지역의 생활양식과 전통적 풍습, 전통적 예술 등을 체험하는 관광으로 보아야 한다. 따라서 문화관광은 인간이 역사와 함께 과거와 현재를 살아오면서 파생시킨 유형 · 무형의 모든 문화적 현상, 문화적 양식, 문화적 상징 등 정신적 · 물질적인 경험을 쌓고, 거기에서 상대적으로 자기 문화를 보존, 전승해야 할 당위성을 느낌으로써 지역문화와 국가 · 민족문화의 발전을 도모하는 데 목적이 있다고 할 수 있다.

2 문화 개념의 두 관점

문화를 이해하는 입장은 총체론적인 것과 관념론적인 것의 크게 두 가지로 구분하여 볼 수 있다.

1) 총체론적 관점

인류학자들에 의하면 문화란 다름 아닌 삶의 유형(patterns of life) 혹은 생활양식(ways of living) 그 자체라 하였다. 이런 관점에서 문화란 사람이 사는 모습의 전부, 즉 지식 · 믿음 · 느낌 · 가치관 · 행위규범 등은 물론 한 사회, 사회집단을 특정 짓는 고유의 정신적, 지적, 물질적, 그리고 정서적 특성들을 총체로 고려된다는 것이다. 다시 말해서 예술, 언어, 문학에 추가해서 문화는 생활양식, 기본적 가치체계, 전통, 신념 등을 모두 포함하는 개념이라는 것이다.

스펜서는 문화를 초(超)유기체적 체계라고 하였으며, 클락혼은 "문화란 주로 심벌을 통하여 습득되어 전달되는 사고 · 감정 · 반응의 형태이다. 문화는 인간집단이 만들어낸 우수한 업적이며, 인간의 손에 의하여 구체적으로 형성된 여러 가지의 것을 포함한다. 문화의 중심은 전통적 관념과 그 전통적 관념에 부수하는 가치로서 이루어진다"고 하였다. 이와 같이 총체론자들이 인식하는 문화는 사회 전반의 보통의 사람들이 인식하는 복합적 개념이다.

2) 관념론적 관점

관념론적 관점은 문화란 구체적인 현상으로부터 축출된 하나의 추상에 불과하며, 현상이나 행동 그 자체가 문화가 아니라 그러한 행위를 규제하는 규칙의 체계를 말한다. 관념론적 문화는 물질적 · 정신적으로 행동화된 결정상태를 뜻하는 것이 아니라, 그러한 상태를 결정짓게 하는 일상상태의 규칙을 문화적 형상으로 해석하는 것을 말한다.

따라서 관념론적인 관점에서 문화를 보는 견해는 실제적인 행동으로서의 말과 그것을 지배하는 규칙 또는 원리를 구별하여, 문화라는 말은 단지 후자만을 지칭하는 것으로 한정짓기도 한다.

인류학자 구드나이프에 의하면 “문화란 사람의 행위나 구체적인 사물 그 자체가 아니라 사람들의 마음 속에 있는 모델이요, 그 구체적인 현상으로부터 추출된 하나의 추상에 불과하다. 한 사회의 모든 구성원들이 똑같이 행동할 수는 없다는 것이 분명하다”고 하였으며, 한 사회의 성원들의 생활양식이 기초하고 있는 관념체계 또는 개념체계를 문화로 인식하였다.

3 문화의 요소

문화는 다양한 요소로 구성되어 있다.

문화의 구성요소는 먼저 그것이 추상적인 것인가, 아니면 물질적인 것인가를 기준으로 구분할 수 있다. 추상적 요소는 가치 · 태도 · 관념 · 성격 · 종교와 같이 다음 세대로 전승된 행동양식, 느낌, 반응 등 형태를 가지고 있지 않고 보이지 않는 것으로 볼 수 있다. 반면에 물질적 요소는 우리 생활에 필요한 모든 제품이나 생활 모습 등 우리가 실제 삶을 살아가면서 필요로 하고 활용할 수 있는 구체적 대상을 말한다.

문화의 구성요소를 다른 기준으로 구분하기도 한다. 첫째는 용구적 문화로 일상생활의 영위하는 데 필요한 수단을 뜻한다. 매일의 생활에 직접적으로 활용되는 문화라고 할 수 있다. 다음은 규범적 문화인데, 이것은 문화를 공유하는 사회의 구성원으로서의 행동과 사고 등 인간행동을 규제하는 것으로서 이해하는 것이다. 끝으로 가치적 문화는 사람들이 하는 행동에 대해 그것이 가지는 사회적 의미를 부여하는 것이다.

4 문화의 특성

문화는 여러 가지 특성을 가지고 있다.

첫째, 문화는 비가시적이다. 그것이 인간의 생활 전반에 영향을 미치고 나타나지만 근원적으로 비가시적인 것이다.

둘째, 문화는 욕구를 충족시키는 방법을 규정한다. 문화는 한 사회의 사람들이 그들이 가지고 있는 욕구를 충족시키는 행동을 제한한다. 즉 사람들에게 개인적 · 생리적 · 사회적 욕구를 충족시키는 '시험된 진정한 방법'을 제공함으로써 욕구 충족의 모든 단계에서 질서 · 방향 · 지침 등을 부여해 준다. 문화가 인간의 욕구 충족의 방법을 제공하지 못하면 스스로 변화하여 그것이 가능하도록 하는 방향으로 변화한다.

셋째, 문화는 학습된다. 인간은 공식 · 비공식적 학습 그리고 기술적 학습을 갖게 되는데, 문화는 이와 같이 정신적 · 육체적으로 어린 시절부터 후천적으로 학습된 것이다.

넷째, 문화는 다수인에 의해 공유된다. 문화는 한 사회의 모든 성원들이 함께 가지는 생활의 모습이다.

다섯째, 문화는 동태적이다. 문화는 한 시대를 공유하는 사회의 것으로 주변의 상황과 인간의 사고가 변화하면 당연히 그에 맞게 변화하게 된다.

여섯째, 문화는 규범성을 갖는다. 사회구성원의 사고나 행동이 문화적 통념에서 벗어나거나 규범에서 벗어나면 사회에는 긴장이 발생하고 일탈자에게는 개전(改悛)의 압력이 주어지게 되기 때문에 사회가 기대하는 대로 행동하도록 압력을 행사한다.

일곱째, 문화는 인위성을 갖는다. 사람들은 자연에 적응하고 과거의 경험을 참고하여 그들의 문화를 스스로 만들어 낸다. 기존의 것이 발견되어지거나

그저 존재하고 있는 것은 아니다.

여덟째, 문화는 지속성이 있다. 문화는 여러 요소들이 서로 알맞게 짜여 결합된 것이다. 모든 문화가 어느 정도 모순성이 있지만 일관되고 통합된 전체를 이루는 경향이 있다. 문화는 한번 형성되면 그 모습을 유지하고자 하는 힘을 갖게 된다. 그것이 변화하기 위해서는 오랜 시간과 노력이 필요하다.

5 문화가 가지는 기능

문화가 가지는 기능을 보면 크게 두 가지로 나눌 수 있다. 이는 문화가 가지는 특성에 의해 나타나는 결과라고 할 수 있다.

1) 사회질서의 유지 기능

문화는 그 문화가 인정되고 영위되는 사회에 대해 질서를 유지할 수 있도록 한다. 문화는 후천적으로 학습된 것이다. 사회에 속하는 구성원은 출생하는 시각부터 그 사회의 가치관을 습득하고 그에 준해서 학습하고 사고하며, 행동하게 된다.

즉 각각의 개인은 자신의 가치관 형성의 근거로서 선택의 여지없이 자신이 속하는 문화를 배경으로 하게 된다. 이렇게 형성된 가치관은 자연스럽게 모든 판단의 기준이 된다. 당연히 개인은 욕구의 발생과 그것을 충족시키는 방법의 선택에서도 자신이 가지고 있는 사고에 의해서 판단하게 될 것이다.

이렇게 사고의 한계를 설정하는 문화는 그에 따라 각 개인의 행동 역시 통제하게 된다. 문화에 따라 어느 곳에서는 평범하거나 당연한 행동이 어느 사회에서는 절대적인 금지가 될 수 있다는 것이다.

이렇게 사고와 행동, 가치관이 이미 문화적 배경에 의해 설정되어 있지만 간혹 그런 제한에서 벗어나고자 하는 경우에는 다수에 의해 강제적으로 제한 받게 된다. 즉 개인은 문화를 공유하는 전체 집단으로부터 비난 받고 배척당하지 않으려면 그 문화가 제시하는 규범을 받아들여야 한다. 문화는 이런 규범을 개인에게 강제함으로써 사회적 질서를 유지하는 데 기여하고 있다.

2) 공동체 의식의 강화 가능

문화는 옳고 그름을 판단하는 도구가 아니다. 문화는 서로 다른 것으로 받아들여져야 한다. 입고, 먹고, 인사하는 방법이 다르다고 해서 어느 하나가 틀린 것은 아니라는 것을 인정하는 것이 다른 문화에 대한 배려이다.

이렇게 서로 다른 것이 엄청나게 많이 존재하고 있는데, 어느 집단에 속하는 사람들은 서로 간에 생각과 행동을 같이한다. 같은 것을 먹고, 같은 것을 입고, 같은 것을 즐기는 사람에게 개인은 당연히 공동체로서의 유대감을 갖게 된다.

특히 같은 종교를 가지고 생명의 유지와 발전과 쇠퇴를 같이 한다는 생각을 갖게 되면 공동체 의식은 매우 강하게 나타난다. 대부분의 문화에서 특히 우리나라와 같이 마을 단위로 공동의 신을 가지고 같은 업에 종사함으로써 흥망성쇠를 같이 한 경우 공동체의 결속력은 매우 크다고 할 수 있다.

6 문화와 국제관광의 관계

문화는 자연과 함께 가장 기본적인 자원이라고 할 수 있다. 극단적으로 표현하면, 관광이란 다른 문화에 대한 경험이라고 할 수 있다. 보통 관광자원이라고 하면, 자연자원, 사회적 자원, 산업자원, 문화자원, 도시자원 등으로 분류한다. 그러나 다른 관광자원이라 하더라도 그 바탕에는 문화가 있어서 문화와 자원이 함께 할 때, 그 자원이 관광자원으로서 진정한 가치를 갖는다고 할 수 있다.

자연자원은 산, 하천, 해안, 온천, 동굴, 경승지, 천연기념물 등 자연이 우리에게 선물한 것이다. 그러나 그것 자체가 가지는 가치에는 한계가 있다. 국제관광의 자원으로 관광객을 움직이게 하기 위해서는 백두산이 단순한 산이 아니라 우리 민족의 발상지, 신령한 산으로서의 가치를 부가해야 한다는 것이다. 마찬가지로 그냥 서울이 아니라 우리나라의 조선의 도읍인 서울이 관광자원으로서의 가치가 더 크다고 할 수 있다.

결국 문화는 가장 기본적인 관광자원으로서 중요성을 갖게 된다. 문화자원은 가치를 가진 문화재로서 유형문화재(건조물, 고문서, 공예품, 조각 등), 무형문화재(연극, 음악, 무용 등), 기념물(조개무덤, 옛무덤, 가마터 등), 민속문화재(풍속 등에 관련되는 의복, 가구 등)를 들 수 있다. 다음으로 제의나 축제 또는 기능 등 형태를 가지지 않고 정신적인 의미를 가진 것 등이 있다. 이런 문화자원은 개발하여 보존하고 보호함으로써 가치를 더할 수 있다.

7 문화유산의 가치

문화적 유산은 자원으로서만이 아니라 다른 면에서도 매우 큰 가치를 갖는다. 문화유산(cultural heritage)이 가지는 가치를 구분하면, 이용가치(use value), 존재가치(existence value), 유산가치(bequest value) 등 세 가지로 구분할 수 있다.

일반적으로 유산을 가지고 있는 사람이나 기관, 단체 등 관계자나 지역주민은 존재가치나 유산가치에 중점을 두고 있다. 활용보다는 있는 것 자체에 중점을 두고 소극적으로 가치를 유지하고자 하는 경향이 있다. 그러나 관광 관계자나 국외자는 이용가치에 중점을 두는 경향이 있다. 문화유산이 소유나 보호가 아니라 활용함으로써 교육과 경제적 부의 창출이 가능하다고 보기 때문이다. 이런 두 집단의 입장 차이는 항상 갈등의 원인이 된다.

현실적으로 문화유산의 활용은 많은 문제점을 가지고 있는 것이 사실이다. 실제로 활용을 통하여 일련의 파행적 문화파괴 내지 문화말살이 자행된 예를 쉽게 찾을 수 있다. 즉 돌하르방은 제주도의 수호신으로 마을을 지키는 신성한 존재였다. 그러나 이제는 본래의 의미를 망각한 채 값싼 장신구로 전락하여 기념품점의 한 자리를 차지하고 있다.

이런 예는 한 지역의 신성 영역의 고유문화가 관광객의 일상의 영역으로 편입된 것으로 본래 가지고 있던 정신적 가치의 소멸이라고 볼 수 있다. 즉 과거의 정신적 문화가 판매되고 의미를 상실함으로써 경제적 영역에 편입되어 본래의 문화와는 관계없는 사람들의 생계수단으로 전락한 것이다. 이런 현상이 빈번해짐에 따라 가치관의 전도와 전통문화의 붕괴현상이 일반화되고 있다.

8 문화의 상품화

문화가 그것이 가지는 정신적 가치를 잃고 단순한 상품으로 받아들여지는 현상을 문화의 상품화라고 한다. 이는 문화를 물건 즉 교환의 대상으로 인식한다는 것이다. 이런 현상은 결국 고유한 정신의 소멸로 문화적으로 당연히 있어야 할 선조와의 유대가 단절된다는 의미를 갖는다. 동시에 이런 상품화된 문화의 소비를 위해서 금전, 시간 등의 대가를 지급해야 하기 때문에 모든 구성원이 당연히 주인으로서 누려야 할 문화향유에서조차 소외되는 현상이 발생하게 된다.

물론 이런 상품화에도 긍정적인 효과가 있을 수 있다. 한 지역의 문화 또는 한 시대의 문화 중에서 쇠퇴한 또는 이미 소멸된 문화를 다시 발굴, 보존, 전승 등 되살리는 기회를 제공할 수 있다는 점에서 문화상품화의 의미를 찾게 된다. 즉 시대의 변화에 따라 생활문화로서의 수명을 다하고 소멸하고 있으나, 그 가치를 알게 되고 일상적 필요에 의한 수요가 나타남으로써 다시 생명력을 회복하는 경우도 있다는 것이다.

결국 문화의 상품화를 완전히 배제하는 것보다는 고유문화를 유지하면서 상업성을 확보하는 방안을 찾아내는 것이 국제관광을 살리고, 그로 인한 효과를 충분히 얻으면서 고유문화를 보전하는 데 꼭 필요한 요구가 되었다.

현대 대부분의 관광객은 고유성을 보고자 한다고 하지만, 실제로 그들이 원하는 것은 고유한 것이 아니라 즐길 수 있고, 쉽게 접근할 수 있는 것이다. 즉 관광객은 고유한 것을 흉내 낸 가짜 또는 가상현실, 나아가 초현실(hyper-reality)과 같은 유사이벤트(pseudo-event)를 찾는다. 오늘날의 관광객들은 가짜를 통해서 실제를 즐기는 것보다 더 큰 즐거움을 찾는다.

이런 욕구를 가진 관광객을 위하여 나타난 방법이 무대화된 고유성(staged

authenticity)이다. 진짜 고유한 문화는 보존하고 관광객들에게는 그들이 원하는 것을 제공함으로써 관광객의 욕구를 충족시켜주는 것이다. 즉 변형된 관광객용 문화를 진짜 같이 만들어 무대에 올려놓은 것이다.

이를 그림으로 정리하면 〈그림 Ⅶ-1〉과 같이 보여줄 수 있다. 문화를 관광객에게 제공함에 있어 관광객에게 제시하는 문화는 ②의 영역이 될 것이다.

〈그림 Ⅶ-1〉 무대화된 고유성(Eric Cohen)

		관광객의 인식	
		진짜 문화	무대화된 문화
장면의 성격	진짜 문화	① 고유성	③ 고유성의 부인(무대화된 것으로 의심)
	무대화된 문화	② 무대화된 고유성	④ 관광객을 위해 새로 창조된 것

① 진짜 문화이고 관광객도 진짜로 인식

② 가짜 문화이지만 관광객은 진짜로 인식

③ 진짜 문화이지만 관광객은 가짜로 인식 : 민속촌, Polinesian Culture Center

④ 가짜 문화이고 관광객도 가짜로 인식

이와 유사한 주장으로 고프만의 전면부-후면부 이론(The Front-Back theory)이 있다. 전면부(the Front Region)는 응접실, 연극무대 등과 같이 외부인 또는 관광객③에게 보여주기 위한, 주인과 손님 또는 고객과 종업원이 만나는 장소이고, 후면부(the Back Region)는 주방, 보일러실, 연기자의 휴게실 등 내부 구성원들만의 장소를 의미한다.

이렇게 문화가 상품화되는 과정에 대한 자각이 생길 때 문화의 창조자인 지역주민의 반응은 저항과 포기로 크게 나뉘어진다. 저항은 자신들의 문화를 상품화하는 데 참여하지 않고 스스로를 보호하려 하는 모습으로 나타난다. 즉 상품화와 자신들의 문화는 무관하다는 의식을 가지려고 한다. 다음으로 포기는 자포자기적, 자기기만적 사고방식으로 "될 대로 되라"는 식의 반응을 보인다.

9 고유성의 이해

우리는 문화를 거론하면서 고유성이라는 표현을 하지만 사실 그 개념은 매우 모호하다. 이런 개념을 좀 더 명확하게 하기 위해 브루너(1994)는 고유성을 4가지 유형으로 분류해서 제시하고 있다.

① 고유성의 재생(authentic reproduction) : 역사적 진실에 해당되는 것으로서, 고유성을 재생시켜 놓은 것으로 단오절의 그네뛰기 놀이, 집시의 플라멩고 춤과 같은 것을 예로 들 수 있다.

② 원형의 복원(genuine simulation) : 역사적으로 틀림없는 사실을 그대로 재현시켜 놓은 것을 의미하는데, 신라 금관의 모조품, 전통식으로 지은 한옥이 예가 될 수 있다.

③ 진품 유물 : 복사본이 아니라 진짜 고유성을 가진 진품 자체를 의미한다.

④ 부여된 고유성(powered authenticity) : 국가기관 등 권력이 (법적으로) 인정해 놓은 고유성으로 무형문화재나 국보 등으로 지정된 것을 의미한다.

왕(Wang)은 여러 의견을 정리해 고유성을 3가지로 구분하고 있다.

① 객관적 고유성(objective authenticity, 박물관적 고유성) : 박물관의 전시물과 같이 관찰자가 객관적으로 실제 그 "원형(原型)"을 관찰할 수 있는 것을 말한다.

② 구성주의적(상징적) 고유성(constructive, symbolic authenticity) : 대상을 즐기는 사람의 사회적 관점, 신념, 전망, 권력에 의해 고유하다고 보여지는 것으로 상대적이고 변경이 가능하다.

③ 존재론적 고유성(existential authenticity) : 자신의 심정 상태에 따라 부여하는 고유성을 의미한다. 관광객의 경우 자신이 일상에서 벗어나 즐기기 위해서 고유성을 인정할 수 있다. 즉 관광에서 나타나는 존재론적 고유성이란, 관광객이 주관적으로 경험하게 될 자신의 존재상태에 대한 의식이다.

국제관광 의사결정

1. 국제관광객 의사결정의 의미
2. 국제관광객 의사결정의 특성
3. 의사결정의 분류
4. 의사결정의 과정
5. 의사결정에 영향을 미치는 요소

국제관광론

Ⅷ. 국제관광 의사결정

1 국제관광객 의사결정의 의미

삶을 이어가는데 모든 사람들이 항상 피할 수 없는 것이 선택이다. 우리는 항상 무엇인가를 선택하고 다른 무엇인가를 포기한다. 아침에 눈을 뜨면 일어날 것인가 이불 속에서 좀 더 따뜻함과 포근함을 느낄 것인가를 선택하여야 한다. 그리고 그 중 하나를 선택하는 순간 다른 하나는 내가 가질 수 없는 것이 된다.

인생은 이렇게 순간순간은 물론이고 크게 보아도 직업의 선택이나 거주지, 학교나 직장 등 크고 작은 의사결정의 연속이다. 관광도 많은 의사결정이 결합하여 만들어진다. 관광을 시작하기에 앞서 목적지의 선택에서부터 언제 누구와 함께 얼마나 오랫동안 갈 것인가를 결정해야 한다. 또 관광을 실제 행동으로 옮길 때 교통수단은 비행기나 배 또는 자동차 중에서 어떤 것을 이용하는가도 역시 선택해야 한다. 숙박시설의 선택 역시 중요하고 관광하는 동안 무엇을 먹고, 기념품은 무엇으로 할까 역시 중요한 선택이 될 수 있다.

그러면 이렇게 많은 대상에 대해 지속적인 의사결정을 하게 하는 동인은 무엇인가? 왜 사람들은 서로 다른 결정을 하는 것일까? 우리 지역을 방문하는 관광객은 물론 전체 관광객을 대상으로 그들에게 최대의 만족을 주고 경제적 또는 사회문화적으로 긍정적인 효과를 얻어내기 위해 우리는 관광객들이 왜 그런 결정을 하는지에 대한 이해가 필요하다.

의사결정에 대한 이해를 바탕으로 해야 우리는 관광객의 예상되는 행동에 대해 합리적인 대응을 할 수 있게 된다. 경영학에서 발전한 의사결정에 관한 연구는, "의사결정(Decision Making)이란 일정한 목표를 달성하기 위한 몇 가지 대체안(alternatives)으로부터 특정 상황에 가장 유리한 하나의 행동방안을 선택하는 합리적인 과정이다. 이는 현 시점에서 과거 자료를 기초로 미래행동의 결과를 예측하는 행위로서 사실적 판단에 입각한 예견적 행위의 특성을 갖게 된다"라고 한다.

즉 의사결정이란 각 의사결정의 주체가 원하는 목표의 달성을 위한 행위이고, 선택 가능한 여러 대체안 중에서 가장 자신에게 유리한 하나의 안을 선택하기 위한 과정이라는 것이다. 또 이때의 판단 근거는 현재가 아니라 과거의 자료이고, 이를 근거로 미래를 예측하는 행위라는 점이다.

평범하다고 생각되는 이런 의사결정이 중요하게 받아들여지는 이유는 의사결정자의 개인적 특성 즉 능력, 취향, 위험에 대한 태도 등에 따라 같은 정보를 가지고 다른 결정을 하게 된다는 데에 있다. 정보가 다른 경우에 다른 결정을 하는 것은 당연한 것으로 받아들여질 수 있지만, 같은 정보를 가지고 서로 다른 결정을 한다는 것에 대해 우리는 의사결정의 주체가 되는 각 개인에 대한 이해가 중요하다는 판단을 할 수 있다.

2 국제관광객 의사결정의 특성

국제관광객은 물론 모든 관광객은 같은 정도의 시간, 돈, 노력 등을 투입하여 자신에게 가장 큰 만족을 줄 수 있는 관광을 하고자 하는 일련의 선택행위의 집합체라고 볼 수 있다. 그들에게 제공되는 정보는 대부분 동일하다. 자원이나 교통수단, 즐길거리 등 관광 목적지에서 제공할 수 있는 서비스는 모든 잠재적 관광객에게 동일하게 제시되지만, 그것들을 바탕으로 어떤 사람은 선택하고 어떤 사람은 선택하지 않으며, 관광을 끝낸 후에도 만족과 불만족이 다르게 나타난다.

일반적인 의사결정과 관광과 관련된 의사결정은 큰 차이를 보인다. 그 이유는 다양하게 제시할 수 있지만, 결정적으로 첫째 관광객이 관광에 임하는 태도에 차이가 있다는 점과, 둘째 관광상품이 일반 상품과 다르게 가지는 특성에 기인한다고 하겠다.

다음으로 관광객이 소비에 임하는 자세가 다르다는 것은 먼저 관광이라는 행위는 일상적 범주에서 벗어나 특별한 체험을 원하는 것이라는 점이다. 즉 행위가 또 행위의 목적이 일상에서 벗어나 있기 때문에 의사결정의 기준 역시 일상적인 기준과는 다르다는 것이다. 따라서 관광과 관련된 의사결정에 영향을 주는 요소는 일상적인 의사결정 영향 요소와는 다르다는 기본적 생각을 가지고 접근해야 한다.

3 의사결정의 분류

의사결정이 어떤 상태에서 내려지는가에 따라 구분하고 있는데, 대표적 유형을 보면 다음의 몇 가지가 있다.

(1) 사이몬은 의사결정을 정형적 의사결정과 비정형적 의사결정의 두 가지로 구분하였다.

① 정형적 의사결정(programmed decision) : 반복적으로 일어나는 일상적인 의사결정으로 표준적인 절차와 과정이 정해져 있다. 최근에는 컴퓨터를 이용한 수학적 프로그램이 개발되어 폭넓게 이용되고 있다.

이 방법이 가지는 특징을 보면 다음과 같다.

- 하위의 관리자에 의하여 실행되고, 따라서 단기적인 성격을 갖는다.
- 조직의 내적인 문제해결에 이용되고, 폐쇄적 시스템 안에서 운영된다.
- 분명히 알려진 문제에 대한 결정이다.
- 기존의 상황을 유지하는 전제하에서 이루어진다.

② 비정형적 의사결정(non-programmed decision) : 일회적이고 예상치 못한 사안에 대한 의사결정으로 절차와 과정이 정해져 있지 않다. 이런 경우 의사결정에 따라 그 결과가 큰 차이가 날 수 있기 때문에 결정권자의 개인적 능력이 중시된다.

이 방법이 가지는 특징은 다음과 같다.

- 최고경영자의 수준에서 행하고, 장기적이며 조직의 생존문제와 연결된다.

- 예상이 불가능한 혁신적이고 창의적인 내용으로 위기관리의 한 부분이 된다.
- 최적의 결론이 불가능한 경우 위험을 최소화할 수 있는 결정이 중요하다.

(2) 구텐베르그는 과거의 정보의 질을 기준으로 의사결정을 세 가지로 구분하고 있다.

① 확실성(certainty)하에서의 의사결정 : 결정을 해야 하는 주체가 대상에 대해 충분한 정보를 가지고 있고, 모든 대체안을 알고 있고, 각 대체안의 결과에 대해서도 확실하게 예측할 수 있는 상황 하에서의 의사결정이다. 이는 이론적으로 생각할 수 있으나, 현실에서는 완전히 불가능한 조건의 의사결정이라고 할 수 있다. 앞에서 제시한 조건 중 어느 것도 현실적으로는 가질 수 없는 것이라고 할 수 있겠다.

② 위험(risk)하에서의 의사결정 : 위험 하에서의 의사결정이란 확실성하에서의 의사결정과 정반대의 것이다. 즉 의사결정을 위해 필요한 정보를 전혀 또는 대부분 가질 수 없는 상태에서 문제를 해결하기 위한 대체안도 제한적으로 제시하고, 특히 각 대체안의 결과에 대해서 알 수 없는 상황에서의 의사결정이다. 이런 의사결정 역시 특별한 경우가 아니라면 현실적으로는 거의 없다고 볼 수 있다.

③ 불확실성(uncertainty)하에서의 의사결정 : 불확실성 하의 의사결정은 일부 정보는 알 수 있으나 모든 것을 확실하게 알 수 없다는 상태에서의 의사결정을 말한다. 즉 과거 자료를 충분히 확보할 수 있으나 완전하지는 않은 상태이고, 대체안에 대한 검토 역시 충분히 검토할 수 있지만 모든 것을 완벽하게 알 수는 없다.

이런 상태의 의사결정이 우리가 일상적으로 하는 의사결정이다. 즉 많은 정보를 가지고 있으나 완전하지 않은 상태에서의 결정이고, 따라서 가능한대로 합리적으로 결정하지만 오류의 가능성을 가지고 있는 것이다.

현대사회에서는 이런 불확실성하의 의사결정이 일반적이라고 볼 수 있는데, 이런 경우의 선택기준으로 다음의 몇 가지를 제시하고 있다.

- 최대 · 최대기준(maximax criterion) : 위험이나 있을 수 있는 손실에 대한 고려는 배제하고 낙관적인 입장에서 가능한 한 최대의 수익을 선택하는 기준으로 급격한 성장가능성과 함께 커다란 위험을 수반한다.
- 최대 · 최소기준(maximin criterion) : 가능한 최소의 수익을 최대로 인정하는 것으로 보수적인 입장에서 선택한다.
- 최소 · 최대기준(minimax criterion) : 각 대체안이 가지는 최대 손실의 가능성을 예측하고, 그 중에서 최소의 안을 선택하는 기준이다.
- 최소 · 최대후회기준(minimax regret criterion) : 하나의 대체안을 선택한 후에 예상했던 상황에서 벗어나면 후회하게 된다. 이 때 각 안의 최대이익액과 나머지의 이익액을 비교하여 나타나는 후회도를 고려하여 후회를 최소로 하는 안을 선택하는 기준이다.
- 불충분이유기준(insufficient reason criterion) : 어떤 상황이 벌어질지 모르는 경우 각 상황의 발생확률을 동일하게 취급해서 문제를 해결하려는 의사결정기준이다.

(3) 앤소프의 분류

앤소프는 전략적, 관리적, 업무적 의사결정의 3단계로 의사결정을 구분하고 있다.

① 전략적 의사결정(strategic decision) : 외부환경의 변화에 적응하기 위한 장기적인 것이며, 기업의 진로설정을 위한 방향을 제시하는 결정으로 최

고경영자층에서 담당하고, 목표의 변경, 장기적 성장계획 등이 포함될 수 있다.

② 관리적 의사결정(administrative decision) ; 중간경영층에서 행하는 의사결정으로 전략적 의사결정을 수행하기 위하여 기업이 가지고 있는 모든 자원을 성과가 극대화될 수 있도록 조직화하는 내용을 담고 있는 전술적 의사결정이다.

③ 업무적 의사결정(operating decision) : 전략적 또는 관리적 의사결정의 결과를 수행하기 위한 의사결정 또는 조직의 능률이나 수익성 향상을 위한 기능적이고 일상적인 의사결정으로 하위감독자가 내릴 수 있는 결정이다.

경영계층과 의사결정 범위를 그림으로 나타내면 〈그림 Ⅷ-1〉과 같다.

〈그림 Ⅷ-1〉 경영계층과 의사결정의 범위

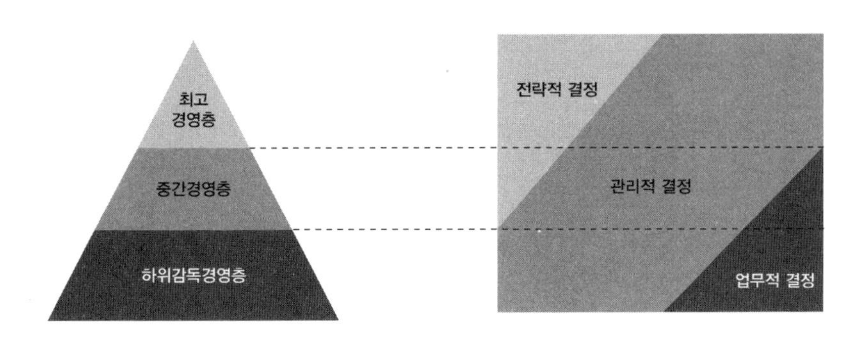

자료 : 백방선, 1988: 351

4 의사결정의 과정

의사결정은 직관에 의해서라기보다 일련의 과정을 거쳐서 이루어진다. 이 과정은 일반적으로 문제에 대한 인식, 대체안의 모색, 대체안에 대한 평가, 대체안의 선택, 선택된 대체안의 수행, 평가와 피드백 등의 단계를 거쳐 이루어진다.

1) 문제에 대한 인식단계

현재의 상태와 기준이나 희망하는 상태의 차이를 문제라고 할 때 이 문제를 인지하고, 문제의 전조를 확인하는 과정이다. 즉 상태를 확인하고 진단한 후에 그에 관한 충분한 정보를 수집하여 문제의 요점을 명확히 하는 과정이다.

2) 대체안의 모색단계

문제가 분명하게 결정되면 이 문제를 해결해 주고 목표를 달성하기 위해 행할 수 있는 몇 가지 가능한 방법을 찾아야 한다. 이것들 모두를 대체안이라고 한다. 현실에서는 의사결정자가 정보의 한계나 인간능력의 한계 등의 이유로 가능한 모든 대체안을 찾아낼 수는 없지만, 가능한 한 많은 대체안을 찾도록 노력해야 한다.

3) 대체안에 대한 평가단계

개발된 여러 대체안에 대한 평가를 한다. 의사결정자가 원하는 구체적 목적을 기준으로 할 수 있으며, 이 기준을 적용하여 각각의 대체안을 평가한다.

순위를 정하거나 대체안을 복합시킨 새로운 안을 제시할 수 있다.

4) 대체안의 선택단계

제시된 대체안 중에서 목적에 가장 부합하는 결과가 예상되는 어느 하나를 선택한다. 즉 최선의 대체안을 선택한다.

5) 선택된 대체안의 수행단계

좋은 안의 선택도 중요하지만, 그것을 적절하게 수행하는 것 또한 중요한 의미를 갖는다. 시간이나 비용 등 여러 가지 제약조건을 감안하여 원하는 결과를 얻을 수 있도록 철저한 수행이 있어야 한다. 이 때 한 대체안의 선택은 필연적으로 다른 안의 실행 기회를 없애는 것이라는 관점에서, 즉 하나의 선택이 다른 기회를 없애다는 면에서 기회비용(oppertunity cost)을 고려해야 한다.

6) 평가와 피드백단계

선택안이 수행된 후에는 그 효과나 결과에 대한 평가의 과정이 반드시 있어야 한다. 계획과 실제 결과에 대한 분석을 하고 차이가 있을 경우 그 원인을 규명하여 새로운 계획에 반영시키는 피드백(feedback)은 매우 중요한 의미를 가진다.

일반적인 의사결정의 과정을 〈그림 Ⅷ-2〉와 같이 나타낼 수 있다.

〈그림 Ⅷ-2〉 의사결정 과정

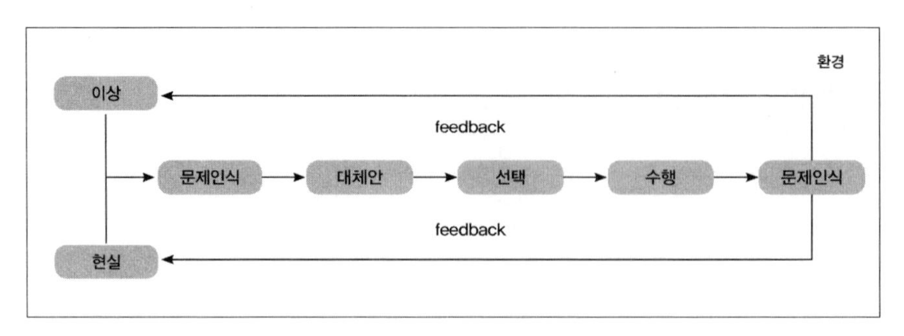

자료 : 백방선, 1995: 304; 이한검, 1994: 437을 자료로 저자 재작성

5 의사결정에 영향을 미치는 요소

국제관광에 참여하는 관광객의 의사결정에는 여러 요소가 개입하게 된다. 먼저 그 개인의 외부에서 작용하는 요소가 있다. 의사결정의 주체가 처해 있는 환경이 전체적으로 간여한다고 할 수 있지만 문화와 가족, 그가 속하는 사회계층과 준거집단 등을 중요한 요소로 들 수 있다. 또 관광객의 내적요소 즉 심리적 요소도 크게 영향을 미친다. 그것을 동기, 태도, 지각, 성격, 학습으로 구분할 수 있다. 이를 종합하여 그림으로 나타내면 〈그림 Ⅷ-3〉과 같이 나타낼 수 있다.

〈그림 Ⅷ-3〉 의사결정 영향 요소

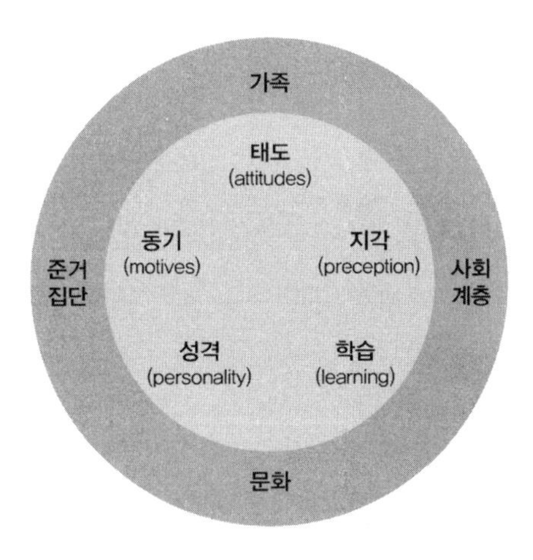

자료 : 한경수, 1994: 130

1) 외적 영향 요소

관광객의 의사결정은 그가 처해 있는 외부적 상황으로부터 큰 영향을 받는다. 관광객은 자신의 관광과 관련된 의사결정에 있어서 가족과 자신이 속하고 있는 사회계층과 배경 문화 등으로부터 자유로울 수 없다.

(1) 가족

가) 의사결정에서 가족의 의미

가족은 "혈연, 결혼, 입양 등을 통해 함께 살고 있는 2인 이상의 집단"이라고 정의된다. 즉 가족은 한 개인이 자신의 개인적 또는 가족 공동의 욕구를 충족시키기 위해 같이 활동하는 가장 기본적인 사회적 집단이라고 할 수 있다.

가족이 개인에 대해 갖는 기능을 보면, 수행하는 기능을 보면 구성원의 경제적 욕구를 충족시켜 주며, 심리적, 신체적, 사회적 안정을 제공해 준다. 또한 가족은 어린이에게 사회화의 기회를 제공하여 그 사회의 문화와 일치하는 가치관이나 행동양식을 학습하도록 하며, 사회화는 어린이가 정상적인 사회인으로서 기능 수행에 적합한 기술, 지식, 태도를 획득하도록 도와주는 기능도 가지고 있다.

이런 가족은 개인의 의사결정에도 매우 큰 영향을 주게 된다. 가족의 상황에 따라 즉 가족의 크기나 경제적 상황, 가족생활주기 단계, 의사결정의 주체 등에 따라 의사결정이 달라지게 된다.

나) 가족생활주기이론

가족은 그것이 어떤 단계에 있는가에 따라 개인에게 주는 의미가 달라질 수 있다. 이런 구분을 분명하게 하기 위해 가족의 구성에서 해체에 이르기까지 전체를 단계별로 구분한 주장을 가족생활주기(family life cycle)이론이라고 한다.

가족생활주기는 가족을 이루기 전의 미혼에서 출발하여 가정을 이루어 살다가 부부 중 어느 한쪽이 사망하기까지의 여러 단계를 말한다. 주로 시장세분화에 이용되는 가족생활주기단계는 다음과 같다.

① 1단계 : 미혼기, 부모와 동거하지 않는 성인독신
② 2단계 : 신혼기, 젊은 신혼부부
③ 3단계 : 양친기, 한 자녀 이상과 동거하는 이혼부부
④ 4단계 : 양친후기, 동거자녀가 없는 노년부부
⑤ 5단계 : 해체기, 배우자 중 어느 한 사람만이 생존

이외에도 많은 연구가 가족생활주기와 관련하여 수행되었는데, 다른 모델을 정리하면 〈표 Ⅷ-1〉과 같다.

〈표 Ⅷ-1〉 가족생활주기 모델(저자 작성)

분류	Lansing and Kish (1957)	Blood and Wolfe (1958)	Farther (1964)	Well and Gubar (1966)
Ⅰ단계 : 미혼기	젊은 독신		혼전단계	미혼단계, 가출
Ⅱ단계 : 신혼기	젊은 신혼부부, 무자녀	신혼단계, 무자녀, 결혼후 4년 이내	부부단계	신혼부부, 무자녀
Ⅲ단계 : 양친기	젊은 신혼부부 6세 이하의 자녀, 젊은 신혼부부 막내가 6세 이상	취학단계, 장자가 6세 이하	취학전단계	Full nest Ⅰ, 막내가 6세 이하
		사춘기 전단계, 장자가 6~12세	국민학교단계	Full nest Ⅱ, 막내가 6세 이상
		사춘기 단계, 장자가 13~18세	중등학교단계	Full nest Ⅲ, 부양자녀를 지닌 성인부부
		정박단계, 장자가 19세 이상이면서 부모와 동거	대학단계 대학후단계	
Ⅳ단계 : 양친후기	노년부부, 무자녀	양친후단계	인천단계 손자단계	Empty nest Ⅰ, 가내무자녀, 취업가장
				Empty nest Ⅱ, 퇴직가장
Ⅴ단계 : 해체기	노년독신	퇴역단계, 퇴역남편이 60세 이상	홀아비(과부) 및 재혼단계 주기의 종료	고독한 생존자, 취업

가족생활주기에 따라 가족은 행동 특성을 보이게 된다. 각 단계별 특성을 정리하면 〈표 Ⅷ-2〉와 같이 나타낼 수 있다.

〈표 Ⅷ-2〉 가족생활주기 단계별 행동 특성

미혼기 : 부모와 별거하는 젊은 독신	• 금전적 부담 없음, 패션의 어피년 리더, 오락지향적 - 구매: 기본적 주방용품, 기본 가구, 승용차, 휴가
신혼기 : 무자녀의 신혼부부	• 다음 단계보다 금전적으로 여유 있음, 가장 높은 구매율, 가장 높은 내구재구매율 - 구매: 승용차, 냉장고, 스토브, 감각적 내구성가구, 휴가
Full nest Ⅰ : 막내자녀가 6세 미만	• 주택구입이 절정, 유동자산이 적음, 금전적 여유가 극히 없음, 신제품에 대한 관심 광고품을 선호 - 구매: 세탁기, 드라이어, TV, 유아식품, 감기약, 비타민, 인형, 왜건, 썰매, 스케이트
Full nest Ⅱ : 막내자녀가 6세 이상	• 재정적으로 개선, 몇몇 부인은 취업광고에 의한 영향감소, 대량구매 - 구매: 식품을 대량 구입, 세척제, 자전거, 음악레슨, 피아노
Full nest Ⅲ : 부양자녀를 지닌 노년부부	• 재정사정이 더욱 개선, 보다 많은 부인이 취업, 몇몇 자녀는 취업, 광고로 영향을 주기 곤란, 내구재구입률이 상승 - 구매: 새롭고 보다 취향에 맞는 가구, 자동차여행
Empty nest Ⅰ : 가출자녀를 지닌 노년부부, 가장취업	• 주택보유 비율이 절정, 재정사정과 저축에 여유를 지님, 여행, 오락, 교육에 보다 관심, 선물 · 기부금에 적극적, 신제품에 대한 관심은 감소 - 구매: 휴가, 사치품, 주택개량
Empty nest Ⅱ : 가출자녀, 가장 퇴직	• 수입이 격감, 주택은 그대로 보유 - 구매: 의료기기, 의료서비스, 건강 · 수면 · 소화를 돕는 상품
고독한 독신기, 취업	• 수입에는 큰 변동이 없으나 주택을 처분하는 경향
고독한 독신기, 퇴직	• 수입이 격감, 특별한 보살핌, 애정 · 안정이 필요, 의료, 서비스, 건강, 소화에 필요한 제품수요

자료 : Well & Guber, 1966: 362

다) 가족의 변화에 영향을 주는 요인

현대사회의 특징 중 하나는 끊임없이 또 빠른 속도로 변화하고 있다는 것이다. 미래의 가족 역시 현재 우리가 인식하고 있는 것과는 다른 모습을 할 것임에 틀림없다. 이렇게 미래 사회의 가족 변화에 영향을 미치는 요소는 다양하지만, 여가시간의 증가, 교육수준의 향상, 여성취업의 증가, 평균수명의 연장,

소규모 가족, 여권신장 등으로 집약될 수 있을 것이다. 이런 변화와 그로 인한 영향을 정리하면 〈표 Ⅷ-3〉과 같다.

〈표 Ⅷ-3〉 미래 가족변화의 영향 요소와 결과

추세	영향
보다 많은 여가	주당 노동시간의 감소는 보다 많은 가족오락을 가져오게 되어 시간을 보다 보람있게 즐겁게 해주는 제품의 수요가 증대할 것이다.
보다 많은 정규교육	교육수준의 증대는 소비자의 의식수준을 높이게 되어 보다 신뢰성 있는 상품의 수요가 증대된다. 또한 개인주의 또는 자아를 충족시키는 제품이나 서비스의 수요가 증대될 것이다.
보다 많은 취업여성	총가계소득의 증대는 경제적 압박을 완화시켜 지금까지 구매하지 못했던 상품을 구입한다. 또한 부부공동결정의 빈도가 증가하고, 책임을 분담하며, 소가족의 선호패턴이 두드러지게 된다.
수명의 연장	사람들의 수명이 연장됨에 따라 노년층을 위한 건강 · 오락 · 취미의 관련된 제품이나 서비스의 수요가 증대된다. 또한 영향이나 체중조절에 대한 관심도 높아질 것이 예상된다.
소규모의 가족	자녀수의 감소는 곧 각 자녀의 교육 · 기능 · 능력을 개발하기 위해 보다 많은 시간 · 노력 · 돈의 지출을 의미한다. 또한 양친은 그들대로 그들의 관심 및 라이프 스타일의 개선에 많은 시간과 돈을 소비하게 된다.
여권신장	남편과 부인은 점차 공동결정에 의존하는 등 가정의 책임을 분담하게 될 것이다. 또한 여성운동으로 인해 여성의 성적 역할이 감소함은 물론, 전통적으로 남성 혹은 여성에게만 표적으로 하던 제품이 이제 이들 모두에게 소구될 것이다.

자료 : Schiffman & Kanuk, 1978: 42; 한경수, 1994: 474 재인용

(2) 사회계층

가) 정의

사회계층이란 사회를 구성하는 집단을 단계별로 구분하는 개념이다. 계층을 구획하는 각 집단은 그 구성원이 비교적 동일한 신분을 지니면서, 다른 계층의 성원과는 신분상 차이가 나도록 구분된 집단을 말한다.

나) 특성

사회계층은 다음과 같은 특성을 가진다.

① 행동의 제약 : 각 사회계층은 계층에 속하는 구성원의 행동을 제약한다. 즉 사회계층의 구성원은 그들의 행동이 자신이 속하는 사회계층의 행동 특성에 알맞도록 강요되어진다. 또한 사회계층은 계층 간의 교류행동이나 커뮤니케이션을 제약한다. 서로 다른 계층에 속하는 사람들은 계층 내부에서와는 다르게 상호간의 교통에 어려움을 겪는다. 상인과 양반, 인도의 카스트제도 등이 그 예로 서로 다른 계층 간에는 교분이나 혼인 등이 제한된다.

② 위계성 : 사회계층은 동등하지 않고 상위계층과 하위계층으로 구분되어 있다. 이런 계층의 분화는 여러 기준에 의하여 나누어질 수 있고, 각각의 계층은 여러 조건에서 동일한 특성을 보이게 된다. 동시에 하위계층은 상위계층의 조건과 행동 특성을 선호하여 적극적으로 모방하고자 하는 경향이 있는 반면에, 상위계층에서는 자신들을 하위계층과 차별화하고자 한다.

③ 다차원성 : 사회계층의 결정은 한 가지 기준만으로 되지는 않는다. 계층의 결정요인으로는 직업, 부의 정도, 교육수준, 권력 등이 예가 될 수 있으며, 어느 하나가 계층을 결정한다기보다 종합적인 판단에 의해 결정된다.

④ 동태성 : 사회계층은 한 번 결정된 이후에 영구히 지속되는 것은 아니다. 짧은 시간에 계층의 변동이 있기는 어렵지만, 장기적인 면에서 또는 사회적 변혁을 통하여 사회계층의 변화가 가능하다.

⑤ 행동 패턴의 동일성 : 사회적으로 동일한 계층에 속하는 사람들은 자신들의 태도, 가치관, 행동 등의 패턴이 유사해지도록 영향을 받고, 스스로 이런 행동의 특성에 적응하여 집단에 대한 소속감을 얻고자 노력한다.

다) 사회계층의 결정요인

어떤 개인이 어느 사회계층에 속하는가를 결정하는 데 영향을 미치는 요인은 개인이 가지고 있는 직업, 친교의 대상, 소유물, 가치관, 의식 등으로 볼 수 있다.

① 직업 및 개인적 성과 : 개인이 어떤 직업을 가지고 있는가가 계층결정의 요인이 된다. 그러나 직업군이 같다고 해서 모두 같은 계층이 되는 것은 아니다. 같은 직업을 가지고 있는 여러 사람 중에서도 각자가 이루고 있는 개인적인 성공의 여부가 동시에 계층의 결정요인으로 작용한다.

② 친교의 대상 : 결혼 상대자나 교류하는 대상, 학교의 동문 등 개인이 교제하는 사람들이 누구인가 하는 것이 사회계층 결정에 영향을 미친다.

③ 소유물 : 주거지, 가구, 집의 규모나 시설, 클럽의 멤버십, 여가활동 등 개인이 가지고 있는 소유물의 종류나 규모, 크기 등 전체 재산 규모는 물론 각 개인의 성향이 발휘된 소유물이 계층 결정에 영향을 준다.

④ 가치관 : 개인이 어떤 사회적 가치관을 가지고 있는가가 계층 결정의 요인이 된다. 개인의 자신의 입장에서 사회적 관점 즉 가치관을 가지게 된다. 결국 대부분의 사람은 자신이 속하고 있는 집단의 공동선을 합리화하는 방향의 가치관을 갖게 된다는 점에서 한 사람의 가치관은 그가 속하는 사회계층을 반영하게 된다.

⑤ 계층의식 : 각 계층에 속하고 있는 사람들 자신이 가지고 있는 의식이다. 자신이 어느 계층에 속하는가를 스스로 판단하여 결정하는 것이다.

일반적으로 사회에서 인정되는 계층과 각 계층의 특성을 정리하면 〈표 Ⅷ-4〉와 같이 나타낼 수 있다.

〈표 Ⅷ-4〉 사회계층의 구조와 특성

사회계층	구성원
상상 (upper-upper)	• 지방의 명문가족 출신으로 3~4대에 걸쳐 부유한 사람 • 귀족, 무역상인, 금융가, 고도의 전문인 • 재산을 물려 받는다.
상하 (lower-upper)	• 상류계층에 새로이 진입한 신흥부유층 • 상상계층에 들 수 없는 부류 • 행정관료(고위직), 대기업설립자, 의사, 변호사
중상 (upper-middle)	• 성공한 전문직업인 • 중간규모 기업 소유주, 중간경영층 • 지위를 의식하며, 자녀와 가족을 중시한다.
중하 (lower-middle)	• 보통사람들 중에서는 뛰어난 사람 • 비관리직 사무원 • 소규모 기업의 소유주, 블루칼라가족 • 열심히 노력하고 존경을 받으며, 보수적인 것으로 평가된다.
하중 (upper-lower)	• 대부분의 노동자 • 반숙련노동자, 소득은 중상이나 중하만큼 된다. • 인생을 즐기며 그날그날 살아간다.
하하 (lower-lower)	• 미숙련자, 실업자 • 비동화된 민족집단 • 운명적이며, 냉담하다.

자료 : 손대현 · 장병권, 1991: 281

라) 사회계층과 관광행동 특성

사회계층은 관광객의 행동에 영향을 준다. 사회계층이 갖는 행동제약 등의 특성에 의해 한 계층에 속하는 구성원은 행동과 의사결정에 제약을 받게 된다. 사회계층은 집단적 요인과 각 개인에게서 나타나는 개인적 요인에 의하여 구성원에 대한 영향력 행사가 가능하다. 집단요인으로는 집단응집력, 집단구성원의 유사성, 집단압력의 정도, 집단의 크기 등에 의해 개인의 의사결정과 행동에 영향을 미치게 되고, 개인요인으로는 집단에 대한 매력, 다른 구성원에 대한 지식, 자신감(자기존경심) 기타 성격변수 등이 영향을 주는 요인으로

작용하게 된다.

① 시장세분화의 기준 : 사회계층은 시장세분화의 기준으로 이용될 수 있다. 시장을 세분화하기 위해서 적용되는 기준은 다양하겠으나, 사회계층은 소유물이나 부의 정도, 직업, 교류하는 개인과 집단 등 사회계층의 결정요인에서 이미 시장세분화와 밀접한 관계를 가진다고 할 수 있다.

② 소비에 대한 인식과 평가의 기준 : 사회계층에 따라 그 구성원들은 소비행태와 소비결정의 기준과 소비행위에 대한 평가에 차이를 보인다. 특히 관광과 같이 과시적 소비의 성격을 가지는 경우 그 차이가 분명하게 나타나는 경향을 보인다. 예를 들어 상위계층에 속할수록 가격보다는 차별성과 고유성 등 다른 계층 구성원이 할 수 없는 관광행동을 선호하는 경향이 있다. 일반적 소비에 있어서도 패션과 같이 새로움에 관심을 크게 두는 경향이 있는 등 소비대상의 1차적 기능보다는 2차적 기능을 중시하는 경향을 보인다.

③ 정보원의 선택 : 자신의 판단을 위한 정보의 수집을 위해 선택하는 정보원의 경우 하위계층에 속하는 집단은 친지 등 자신의 주변인물을 주된 대상으로 삼는 경향이 있고, 중위계층은 쉽게 접할 수 있는 대중매체를, 상위계층이 되면 자신의 전문적인 지식을 이용하여 아무나 접할 수 없는 전문매체를 이용한 고급정보를 얻는 경향이 있다. 하층계급의 경우 구매시 낯선 대상은 회피하게 되고, 상위계층은 전문상가를 이용하는 경향이 있다. 이런 경향은 마케팅활동의 매체선정과 광고의 방법 등의 결정에 있어서 중요한 의미를 갖는다고 할 수 있다.

(3) 준거집단

가) 준거집단의 의미

준거집단(準據集團, reference group)은 크게 두 가지 의미로 사용되고 있다. 첫째 의미는 '한 개인이 소속되고자 하는 집단'을 말하고, 둘째 의미는 '한 개인이 어떤 판단이나 평가를 할 때 기준으로 삼는 집단'이다. 즉 준거집단이란 일반적, 혹은 특정한 가치나 태도, 행동의 형성에 있어서 개인의 판단기준(비교기준)이 되고 있는 개인이나 집단을 말한다.

이런 준거집단은 규범적 준거집단(normative reference group)과 비교적 준거집단(comparative reference group)으로 나누어 볼 수 있다. 규범적 준거집단이란 '한 개인이 인정되기를 바라고, 또 계속해서 구성원으로 남아 있기를 바라도록 동기화된 집단'을 말하며, 비교적 준거집단이란 '한 개인이 그와 다른 사람을 평가하는 데 있어서 준거점을 찾는 집단'을 의미한다.

나) 준거집단의 기능

준거집단이 가지는 기능을 보면 다음과 같다.

① 사회화의 기능 : 한 집단의 구성원이 되려는 사람은 그 사회의 가치체계, 규범, 행동패턴을 배우게 된다는 것이다.

② 자아개념을 형성과 평가 기능 : 개인이 구매하는 제품은 다른 사람에게 자기의 가치를 표현하는 상징과도 같은 성격을 지닌다는 것이다.

③ 집단규범 준수 기능 : 개인은 자신의 행동에 대한 타인의 반응 즉 동조, 부러움, 비웃음 등에 의해 자신의 행동을 강화하거나 그에 대해 처벌한다. 또 이를 통하여 집단의 규범을 스스로 준수하게 된다.

2) 내적 영향 요소

관광객의 의사결정에 영향을 미치는 내적인 요소는 말 그대로 인간의 내부에서 작동하는 것으로 이것을 명확하게 적시하기는 어려운 점이 있다. 그러나 심리학의 영역에서 이루어진 연구에 의하면 대략 동기, 성격, 지각, 태도, 학습의 다섯 영역으로 구분하여 이해할 수 있다. 물론 인간의 심리가 이와 같은

다섯 영역으로 확연하게 구분되는지 알 수 없고 또 이것이 인간의 마음 전체를 포괄할 수 있는 것인지에 대해서도 분명하게 답할 수 없다.

그러나 인간의 마음 전체를 한꺼번에 이해하는 데에서 오는 한계를 벗어나기 위한 방법으로는 유용하다고 할 수 있다. 다만, 여기서는 관광 의사결정에 영향을 미친다고 생각되는 다섯 영역을 간략하게 검토하는 수준으로 한정하기로 하겠다.

(1) 동기와 관광행동

가) 관광동기의 이해

관광의 동기(motives)란 한 개인에게 관광행동을 하도록 하는 내부의 힘을 의미한다. 이는 신체의 에너지를 활성화하여 외부에 있는 목표를 달성하도록 하는 내적인 상태를 말한다. 이와 같은 동기는 행동의 원인이 됨과 동시에 내적 긴장의 해소를 가져온다. 즉 개인의 충족되지 못한 욕구는 그 개체의 내적 긴장상태를 유발하게 되고, 이런 긴장상태는 내부의 추동력을 활성화하여 욕구를 충족시키기 위한 행동으로 나타나게 된다. 행동의 결과로 내적 욕구가 충족되면 긴장이 해소되고 평정을 되찾게 된다.

동기가 나타나기까지의 과정을 보면 최초에 생체적 안정이 깨지는 것을 보완하기 위한 요구(needs)가 나타나고, 이것이 구체적 대상을 원하는 욕구(wants) 또는 욕망(desire)으로 변하게 되며, 이런 욕구 또는 욕망이 활동을 촉구하는 동기(motive)가 되어 현실에 나타나게 된다. 즉 요구 → 욕구 또는 욕망 → 동기의 과정을 밟는다.

결국 동기란 추상적인 내적 요구를 구체적 대상에 대해 표현하여 행동을 유발하는 것이다. 관광동기 역시 이런 내적 욕구 또는 욕망이 관광과 연결되어 구체적인 행동으로 표현하고자 하는 것이다.

나) 동기의 분류와 속성

동기는 내적으로나 그것의 표현에서 모두 동일한 것은 아니다. 동기를 좀 더 정확하게 이해하기 위해 몇 가지 기준을 통해 분류할 수 있다.

① 생리적 동기와 사회적 동기 : 생리적 동기 또는 선천적 동기란 사람이 태어날 때 이미 가지고 나는 동기로 주로 개체의 보존이나 종족의 보존에 관련되는 식욕, 성욕 등의 욕구 충족을 위한 동기를 말한다. 이에 비하여, 사회적 동기 또는 심리적 동기는 생리적 동기가 충족되었을 때 나타나는 대외적인 동기를 의미한다.

② 긍정적인 동기와 부정적인 동기 : 동기로 인하여 나타나는 행동에 대해 사회적으로 받아들여지는 상식을 기준으로 그것이 긍정적인가 부정적인가를 판단하여 구분하는 것으로, 인간이 나타내는 여러 동기 중에서 사회적인 통념으로 건전하다고 받아들일 수 있는 동기를 긍정적 동기, 그렇지 못한 것을 부정적 동기라고 할 수 있다.

③ 의식적 동기와 무의식적 동기 : 인간에게 구체적인 동기가 나타남에 있어서 의식적인 활동이 있어야 발생하는 것을 의식적 동기라고 하고, 지적인 활동이 필요 없이 자연발생적으로 나타나는 동기를 무의식적 동기라고 한다.

동기가 가지는 일반적 속성은 다음과 같이 나타낼 수 있다.

① 승화(昇華: motive sublimation) : 동기는 하위의 것에서 상위의 것으로 발전한다. 기초적인 생명유지를 위한 동기에서 출발하여 자신의 완성을 위한 고차원적인 동기로 발전하게 되며, 같은 부류의 동기도 하급의 것으로 만족하는 상태에서 고급으로 변하는 경향을 보인다.

② 연결(motive linking) : 동기는 유사한 성격을 갖는 저차원의 동기와 고차원의 동기가 서로 결합해서 나타난다. 예를 들어 안전의 욕구를 충족시

키기 위하여 만든 자물쇠에 대하여 처음에 요구했던 단순히 잠기는 기능 뿐 아니라 견고하고, 아름답고, 내구성이 있는 등에 대한 동기가 부가되어 복합적인 동기로 나타난다.

③ 결합과 갈등 : 하나의 목적물에 대하여 서로 상충되는 욕구가 동시에 발생되면서 두 욕구가 갈등을 일으키게 된다. 예를 들어 자신의 사회적 지위를 나타내고자 하는 과시의 욕구와 함께 경제적인 부를 유지하고 싶어 하는 절약의 욕구는 동시에 서로 갈등관계로 나타날 수 있다. 또 서로 보완적인 욕구가 나타나게 되면 결합하여 강화된다.

다) 동기의 유발요인

사람에게 요구에서 시작되어 구체적인 동기를 발생시키는 원인은 매우 다양하다고 할 수 있다. 또 이런 영향 요인들이 독립적으로 동기를 유발한다기보다 결합하여 함께 작용함으로써 동기를 활성화시킨다고 볼 수 있다. 이런 요인들은 생리적 조건, 인식활동, 상황조건, 자극물 등으로 구분된다.

① 생리적 조건 : 개인의 생리적 욕구, 무의식적 긴장의 유발 등의 원인으로 신체적인 불안정 상태가 오고 이런 긴장을 해소하고자 하는 동기가 유발된다. 먹고, 자고, 쉬고 싶은 욕구 등 육체적 부조화에서 오는 긴장을 해소하기 위한 욕구로 인한 동기가 이런 예가 될 수 있다.

② 인식적 활동 : 인간이 가지는 논리적인 두뇌 활동에 의한 동기이다. 인식활동 즉 미인이 광고하는 화장품, 모델이 입는 옷 등을 보고 미인과 같은 화장품을 쓰고 같은 옷을 입으므로 해서 자신도 아름다워질 수 있다는 지적인 활동이 내부에서 진행된 결과로 나타나는 것이다.

③ 상황적 조건 : 현재 처해 있는 현실적 상황, 즉 이상과 현실의 차이에 의해 이상에 미치지 못하는 현실을 개선하기 위해 나타나는 동기이다. 사람들이 자신의 현실적 한계에서 벗어나기 위한 인생의 목표를 세우고

그것을 달성하기 위하여 노력하는 모든 활동을 유발하는 동기가 모두 이런 요인 때문이라고 할 수 있다.

④ 자극물 : 신기함, 놀라움 등 사람에게 주어지는 주변 환경의 자극이 그 자극에 대한 반응, 즉 회피, 긴장감소, 경험 등을 하려는 동기를 유발하게 한다.

라) 욕구단계설(hierarchy of needs theory)

매슬로우는 임상적 경험에 근거하여 모든 인간은 욕구가 결핍된 존재이고, 충족된 욕구는 더 이상 행동을 일으키는 동인(motive)이 되지 못하며, 인간의 욕구는 중요도에 따라 계층을 이룬다는 욕구의 단계를 주장했다.

그는 인간의 욕구를 다섯 단계로 구분하였고, 모든 욕구는 저급한 욕구가 충족된 후에야 고급의 욕구로 이행한다고 했다. 또 각 단계의 욕구가 충족되었다고 없어지는 것이 아니라 더 고급의 동일한 욕구가 나타난다고 주장했다.

① 생리적 욕구(physiological needs) : 의식주와 수면 및 성적인 욕구 등 인간의 생명을 유지하고 보존하기 위한 가장 기본적인 욕구들로서 본능적인 욕구라고 볼 수 있다.

② 안전의 욕구(safty needs) : 육체적 위험으로부터의 보호, 고통의 회피, 경제적 안정, 질서 있고 예측할 수 있는 환경 등에 대한 추구로 가장 기초적인 욕구가 충족된 후 그와 같은 안정된 생활이 지속되기를 바라는 욕구이다.

③ 애정(소속)의 욕구(love and belonging needs) 또는 사회적 욕구(social needs) : 가족과 같이 있고, 친구들과의 우정, 집단에 대한 소속감, 이성간의 사랑 등 인간이 혼자가 아니라 타인과의 관계 속에서 함께 사는 의미를 찾으려 하는 욕구이다.

④ 자존의 욕구(esteem needs) : 자신이 속하는 집단에서 남들로부터 존경

받고, 책임감을 가지며, 존재가치를 인정받고자 하는 욕구로 명예와 권력 추구로 표현되는 욕구를 말한다.

⑤ 자아실현의 욕구(self-actualization needs) : 인간의 최종적 바람으로, 자신의 잠재적 능력을 최대한 발휘하여 자신이 추구하는 궁극적 가치를 스스로 실현하는 성취감을 얻고자 하는 욕구로 완성될 수 없는 것이다.

이상과 같은 욕구의 계층은 여러 욕구의 일반적 상태를 나타내는 것으로 모든 사람에게 동일하게 나타나는 것은 아니다. 각 욕구는 서로 상관성을 가지며, 각자에게 특별히 강하거나 약한 욕구가 있다. 저급의 욕구가 충족되면 다음의 단계로 이행하는 과정을 밟는데, 그렇다고 저급의 욕구가 소멸되는 것은 아니다.

매슬로우의 이 이론은 현실적인 면에서 인간의 행동을 해석하는데 많은 기여를 하였고, 실제에서도 다양하게 적용되고 있고 이 이론을 바탕으로 개선된 주장을 하기도 한다. 앨더퍼의 ERG이론은 매슬로우의 이론을 실증적 연구에 의해 발전시킨 수정이론이다. ERG이론은 매슬로우의 다섯 가지 욕구들을 세 가지 범주로 구분하고, 각 욕구들에 대한 첫 글자를 따서 ERG라는 명칭을 붙였다.

그는 인간의 욕구를 생존욕구, 관계욕구, 성장욕구 등 세 가지로 나누어 분석하였다. 생존욕구(existence needs: E)는 다양한 생리적 욕망과 물질적 욕구들로 구성된 기본적 욕구를 말하고, 관계욕구(relatedness needs: R)는 사회적 생활에 있어서 직무내외적인 대인관계와 관련된 모든 욕구를 포함한다. 성장욕구(growth needs: G)는 창조적 · 개인적 성장을 위한 개인의 노력과 관련된 모든 욕구들이다.

ERG이론은 매슬로우의 이론과 유사점이 많으나 다음과 같은 점에서 차이점을 찾을 수 있다. ERG이론은 욕구의 계층성을 강력히 주장하고 있지 않다.

다시 말해서 한 가지 이상의 욕구가 동시에 작용할 수 있다는 점을 인정하고 있고, 상위욕구의 불만족은 하위욕구의 추구로 인해 퇴행현상을 야기한다. 즉 하위욕구가 충족되면 상위욕구의 중요성이나 추구의 정도가 약화된다. 시간이 흘러 갈수록 관계 및 성장욕구의 중요성이 강조된다.

매슬로우의 이론과 ERG이론의 상호관계를 그림으로 비교해 보면 〈그림 Ⅷ-4〉와 같다.

〈그림 Ⅷ-4〉 욕구단계설과 ERG이론의 관계

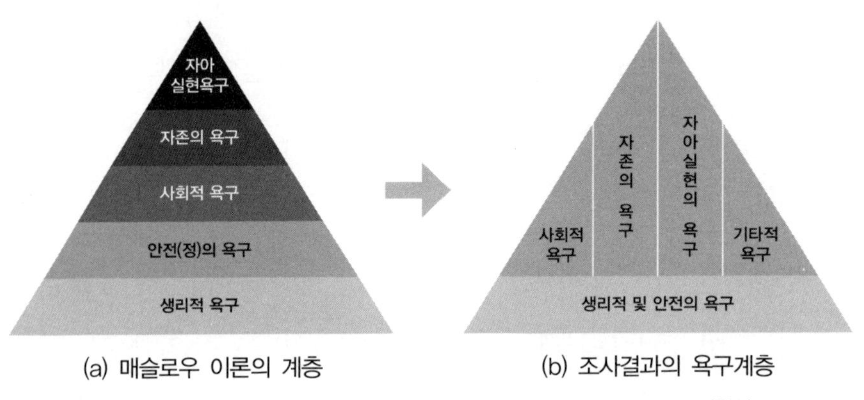

(a) 매슬로우 이론의 계층 (b) 조사결과의 욕구계층

자료 : Hampton, 1977: 52; 이한검, 1994: 831

(2) 성격과 관광행동

가) 성격의 정의와 구분

성격(personality)이란 개인이 주변에 대하여 반응하는 일관된 형태로 다른 사람들과 구분되는 고정적인 행동 특성이다. 성격은 권위적, 민주적, 적극적, 수동적 등으로 구분될 수 있고, 또 간단과 복잡, 통일과 분열, 완만과 경고(硬固), 안정과 불안정, 개방과 폐쇄 등으로 나누어서 볼 수도 있다. 내용적으로는 지적이거나 정서적 능력이나 기질 등이 포함된다.

성격과 관광에서 나타나는 행동 연구에 의하면, 선택하는 교통수단에 따라 성격의 차이를 생각할 수 있는데, 다른 조건이 같은 경우에 항공기를 택하는 여행자는 리더십이 강하고 자신감이 크며 활동적인 반면에 기차를 이용하는 관광객은 항공기 이용자와 반대되는 성격을 나타낸다고 한다. 또 자동차를 이용하는 관광객의 경우 다른 집단보다 더 큰 모험심이나 호기심을 보여준다고 한다.

나) 성격의 특징

성격은 몇 가지 특성을 가지고 있다.

① 개인차 : 각 개인은 서로 다른 성격을 갖는다. 즉 모든 개인의 성격은 각 개인이 가지는 모든 내외적 환경요인의 결합이기 때문에 서로 다른 두 개인이라면 특정한 부분에서 유사성을 보일 수는 있지만, 같은 성격을 가질 수는 없다.

② 일관적, 지속적, 안정적 : 성격은 한 번 형성되면 일관적, 지속적, 안정적인 속성을 가지고 쉽게 변화하지 않는다.

③ 변화가능성 : 성격이 형성되면 바뀌는 것이 매우 어렵기는 하지만 변화가 완전히 불가능한 것은 아니어서 심리적, 사회문화적 요인에 의해 장기간 영향을 받거나, 충격적이고 돌발적 사건의 경험 또는 점진적 성숙의 과정에 의해 변화가 가능하다.

다) 결정요인

한 개인의 성격을 형성하는 데는 다양한 요인이 관련된다. 이런 요인들을 분류하면 각 개인의 특질적인 부분인 개체적 요인과 그 개인이 속해 있는 주변 환경에 영향을 받는 환경적 요인으로 대별할 수 있다. 그러나 성격은 어느 한 요소의 결정적 영향이라기보다는 성격의 형성에 관련되는 모든 요소의 상호작용에 의하여 전체적으로 결정된다고 이해해야 할 것이다.

① 개체요인(생물학적 요인, 심리적 요인)

- 내분비선(호르몬)과 인체화학적 요소 : 내분비선에서 나오는 호르몬이 성격을 결정하는 요소가 된다. 예를 들어 부갑상선 호르몬은 개인의 성격을 조용하고 원만하게 하고, 부신피질 호르몬이 없으면 불면, 흥분, 협동성 상실 등의 현상이 나타난다.
- 체격과 건강 : 건강하고 신체적인 면에 자신감이 있으면 성격은 적극적이고 합리적인 경향을 띈다.
- 신경계통의 차이 : 신경이 예민한 정도나 반응의 정도에 따라 성격에 영향을 받는다.

② 환경적 요인

- 자연 : 기후 · 토지 · 산물 등이 생활양식과 산업을 제한하고 삶을 풍요롭게 하거나 어렵게 만드는 데 영향을 주고, 이는 곧바로 민족이나 개인의 성격을 형성하는 데 영향을 미친다.
- 가정 및 사회 환경 : 부모, 친구, 교사, 직장동료, 배우자 등 개인의 삶에 커다란 영향을 미치는 주변의 환경은 성격 형성에 큰 변수가 된다. 특히 유아기의 부모, 유치원 교사 등은 유아의 성격 형성에 결정적인 영향을 주기 때문에 매우 중요하다.
- 문화적 환경 : 직업, 신분, 계급 등의 개인적 요소와 함께 주변인들의 성격이나 생활문화 등 문화적 환경도 개인의 성격 형성에 영향을 미친다.
- 경제상태 : 성격과 경제적 상황은 밀접한 관계를 갖는다. 너무 극단적인 곤란을 겪으면 투쟁적이 되거나 늘 불안감을 느끼는 등 성격에 문제가 있을 수 있다고 하지만, 약간의 곤란은 동기부여에 결정적인 영향을 준다. 환경에 대한 완벽한 적응은 개체의 불변을 의미하고, 이는 곧 퇴화와 같은 의미로 이해할 수 있기 때문이다.

(3) 지각과 관광행동

가) 정의

지각이란 인간이 주변세계(사물, 사건, 인간행동 등)를 이해하는 과정이다. 즉 개인이 외부의 자극물을 선택하고, 해석하여 의미를 부여하는 과정이다. 인간은 각자 주어진 주변 환경에 대한 주관적 판단을 하고 있다.

이런 주관적 판단에 영향을 미치는 요소 중의 하나가 지각(perception)이다. 우리 주변에는 사물과 상황 등 인간의 감각에 영향을 주는 대상들로 가득 차 있고, 우리는 살아서 깨어 있는 동안 이 대상들을 받아들이고, 비교하고, 이용하고, 이해하고, 판단하는 데 많은 시간을 보낸다. 이렇듯 외부세계의 사물들을 감각기관을 통하여 탐지하고 해석하는 과정을 통칭하여 지각이라고 하고, 지각은 인지(cognition)와 사고(thinking)를 거쳐 감정, 느낌(feeling)을 만들어 내고 이는 인간의 행동에 영향을 미친다.

지각이란 외부의 자극에 대한 해석이나 의미로서 개인에 따라 같은 자극에도 각각 다른 지각을 갖는다. 즉 '사실'을 느끼는 것이 아니라 '사실로 보여지는 것'을 아는 것이다. 감각은 외부의 사물을 느껴지는 그대로 받아들이지만, 지각은 감각기관을 통해 들어온 자극에 개인의 가치 · 경험 · 욕구 등을 투영하여 얻어지는 것으로 지각과 감각은 다르다.

나) 지각에 영향을 주는 요인

지각에 영향을 주는 요인으로는 자극요인과 인적요인의 두 가지가 있고, 이 둘은 언제나 복합적으로 작용하여 지각을 형성한다.

① 자극요인(stimulus factors) : 자극요인이란 크기, 색상, 소리, 감촉, 모양, 주변 환경 등 자극 자체적 요소를 말하는 것이다. 자극은 크기, 강도, 빈도 등의 특징에 의하여 인간의 감각기관에 받아들여지고 지각된다. 동일한 자극에 대해 인간은 때에 따라 다르게 지각할 수 있는 이와 같이

동일한 자극에 대한 서로 다른 지각을 이해하기 위해서는 인간이 자극 자체와 주변 환경을 함께 받아들인다는 점을 중시해야 한다.

② 인적요인(personal factors) : 인적요인이란 자극을 받아들이는 인간적인 요소로 같은 자극에도 개인에 따라서 다르게 지각한다는 것이다. 이런 인적 요인에 관계되는 것으로는 그 개인의 흥미, 요구, 동기, 기대, 성격, 사회적 지위 등이 있다.

- 흥미(interests) : 지각은 선택적이기 때문에 흥미가 없으면 강한 자극에도 반응하지 않고 따라서 지각도 없다. 예를 들어, 축구를 좋아하는 사람은 그렇지 않은 사람보다 주변에서 들리는 축구 관련 이야기나 그림, 사물 등에 더욱 민감하게 되고, 따라서 축구와 관련된 정보를 제공하는 자극에 예민하여 다른 자극에 비해 지각되기 쉽다.
- 요구(needs) : 각 개인의 필요 유무와 정도에 따라 음식과 다른 특정한 대상에 대한 관심 및 일반적인 호기심을 갖게 되며, 자신이 필요한 것에 관계되는 자극에 민감하게 반응한다. 예를 들어, 배가 고픈 사람은 음식 냄새를 다른 사람보다 더 민감하게 느끼게 된다.
- 기대(expectations) : 사람들은 자신이 가지고 있는 사전적 정보 또는 경험에 의해 그 대상에 대한 기대감을 갖게 된다. 이것은 지각 대상에 대한 사전적 이미지와 관계되며, 기대치와 결과가 불일치할 경우 불만이 발생하게 된다.
- 사회적 지위(social position) : 사회에서 남과의 관계를 가지고 살아가는 사람들은 자신의 지위를 남에게 알리려고 하는 욕구가 있고, 자신의 사회적 지위를 나타낼 수 있다고 판단되는 대상에 대해 쉽게 지각하게 된다. 관광의 경우 과거에는 여행 참여 자체가 지위의 상징(status symbol)이었고, 현재는 목적지나 행태에 의해 구분되고 있다.

다) 지각의 과정

지각은 다음 세 단계의 과정을 밟는다.

① 선택적 관심(selected interest) : 사람들은 지각의 인적 요소에 의해 자극을 선택적으로 가려서 받아들인다. 사람들이 살아가고 있는 공간에는 무수한 자극이 존재하고 있지만, 인간이 받아들이는 능력에는 한계가 있기 때문에 사람들은 그들이 접하는 많은 자극들 중에서 한정된 부분만을 선택적으로 받아들이게 된다.

이런 선택의 기준은 자극의 강도, 신기성, 반복, 크기, 색상, 위치, 움직임, 대조, 주의환기, 최신과 최근 등이 있을 수 있고, 이런 이유로 사람들의 관심을 끌기 위한 광고에는 특이한 자극을 제공하여 지각을 시키려는 노력이 포함되어 있다.

② 이해 : 선택적으로 받아들여진 자극에 대해 자신의 내적인 요소를 가미하여 주관적으로 판단하는 과정이다. 이때는 선입관, 고정관념(stereotype) 등의 개입으로 판단의 오류가 나타날 가능성이 있다. 예를 들어 사람들에게는 자신이 받았던 첫인상을 지속시키고자 하는 경향이 있고, 자신의 믿음과 다른 자극은 회피하려는 경향이 있다는 조사가 있고, 지각적 왜곡이나 후광효과 등에 의한 오류가 생길 수 있다.

③ 선택적 기억(selected retention) : 수많은 자극 중에서 선택적 관심의 영역에 들고 또 다시 이해의 과정을 거쳐 필요하다고 생각되는 것들만이 선택적으로 기억되게 된다.

(4) 태도와 관광행동

가) 태도의 이해와 구성요소

태도(attitudes)란 특정한 대상에 대해 한 개인이 나타내는 느낌이나 평가적 반응을 말한다. 태도는 세 가지 기본요소, 즉 인지적 요소, 감정적 요소, 선입관 요소로 구성되어 있다. 인지적 요소(cognitive elements, knowledge components)란 개인이 자신의 환경 내에 있는 다른 사람, 장소, 사건, 생각, 상황, 경험 가운데 어떤 측면에 대해 가지고 있는 신념이나 의견이다. 인지적 요소는 이성적인 면을 구성하고, 긍정, 부정, 우호적 등 평가적인 특성을 보인다.

감정적 요소(affective elements, feeling components)는 어떤 대상에 대한 개인의 정서적 판단이다. 이는 좋다 혹은 나쁘다의 판단으로 정적인 면을 의미한다.

태도는 행동의 '선입관'이나 '선유경향'(predisposition)으로 생각할 수 있고, 구체적으로는 이 세계의 어떤 상징이나 대상 또는 측면을 호의적 혹은 비호의적인 방법으로 평가하는 개인의 선입관이라고 할 수 있다.

나) 태도 형성의 원천

태도가 형성되는 근원은 여러 가지가 지적될 수 있지만, 다음 세 가지 요소가 특히 중요한 역할을 하고 있다.

① 경험 : 자신의 경험은 태도 형성에 중요한 역할을 한다. 각 개인은 자신의 직접 또는 간접적 경험을 바탕으로 특정의 대상에 대하여 긍정적 또는 부정적 감정을 갖게 되고, 이를 지적인 활동으로 보완하여 태도 형성에 기여한다. 즉 자신의 이런 경험과 지적인 활동과 감정적 활동의 결과가 선입관으로 자리잡게 된다.

② 사회문화적 요인 : 사람의 가지고 있는 모든 가치기준은 그가 살아 온 사회문화적 환경의 영향을 받아 만들어진 것이다. 가족이나 관계를 가진 집단의 사고와 행동 및 그들의 문화 등 사회적 영향 요인에 의하여 개인이 영향을 받고, 그런 영향이 모여 대상에 대한 태도가 형성된다.

③ 영향력 있는 타인의 태도 : 개인이 존경하거나 행동의 준거로 삼고 있는 개인이나 집단이 보여 주는 태도는 그 개인의 태도를 결정짓는 중요한

요소가 된다. 일반적으로 사람들은 자신에게 영향을 주고 있는 타인이 그 대상에 대하여 어떤 태도를 보이는가에 따라 자신의 태도를 결정하는 경향이 있다.

다) 태도의 속성과 기능

태도는 강도와 안정성을 가지고 있는데, 이는 상황에 따라 강화되거나 약화된다. 안정성과 강도의 강화는 대상에 대해 가진 태도와 결과에 있어서 인과관계가 발견(cause-effect relationship)되거나 자신과 같은 태도를 가진 사람을 발견하는 태도일치(attitudinal agreement)가 이루어지면 일어나고, 반대로 자신이 가지고 있는 여러 태도가 서로 갈등을 일으키거나(태도갈등, attitudinal conflict) 그 태도로 인한 심리적 또는 신체적 상처의 경험(외상경험)에 의해 약화된다. 태도가 가지는 이런 속성을 구체적으로 나누어 보면 다음의 다섯 가지로 구분할 수 있다.

① 학습된다 : 태도는 경험하고 그에 대한 긍정적 또는 부정적 강화가 나타남에 따라 학습된다.
② 지속된다 : 한번 형성된 태도는 특별한 사유가 없는 한 지속된다.
③ 평가적이다 : 태도는 가치판단을 통하여 그 대상에 대한 지적으로 또 정서적으로 평가한다.
④ 동기를 부여한다 : 사람들은 자신의 평가와 일치하지 않는 대상에 대해서는 소극적으로 반응하게 되고, 반대의 경우 적극적인 반응을 보이게 됨으로써 대상에 대해 행동하려는 동기를 부여하게 된다.
⑤ 방향과 강도를 갖는다 : 긍정과 부정, '아주 싫다'에서 '아주 좋다'까지 태도는 방향과 강도를 동시에 갖는다.

이런 태도가 갖는 기능은 조정기능, 자아방어기능, 자기표현기능, 지적 기능의 네 가지로 요약할 수 있다.

① 조정기능(adjustment function) : 태도는 개인의 행동을 조정하는 기능을 한다. 각 개인은 자신에게 귀결되는 기쁨과 보상은 가까이 하려고 하고, 그 반대의 것은 멀리 하고자 하며, 보상은 극대화하고, 처벌은 극소화하는 방향으로 자신의 행동을 결정한다.

② 자아방어기능 : 개인은 자아 또는 자기 이미지를 보호하려는 경향을 보인다. 자신이 기존에 가지고 있는 자아 또는 이미지를 훼손하지 않는 방향으로 자신의 태도를 형성한다.

③ 자기표현 기능 : 사람들은 대상에 대한 자신의 태도를 통해 자기중심의 가치표현을 하고, 태도는 이런 표현의 원천이 된다.

④ 지적 기능 : 질서 있는 사고체계의 근원을 제공하여 안정성, 명확성, 바른 이해를 돕는다.

라) 태도의 변화

태도는 한번 형성되면 쉽게 바뀌지 않는다. 그러나 장기적으로 계속해서 일정한 자극에 노출되거나 강력한 자극이 있는 경우에는 변화가 가능하다. 이런 태도의 변화요인으로는 다음의 것들이 있다.

① 대상의 변화 : 대상 자체가 변화하고 그 변화를 경험함으로써 당연히 대상에 대한 태도가 바뀌게 된다.

② 지각의 변화 : 대상이 스스로 변화된 것은 아니지만 그 대상을 전달하는 방법이 바뀌어 인식을 새롭게 할 수 있는 경우에 대상에 대한 태도가 달라지게 된다. 예를 들어 같은 제품이라 하여도 광고기법이나 매체를 변경함으로써 매출량을 신장시킬 수 있는 것과 같은 경우이다.

③ 행동의 변화유도 : 대상의 변화가 아니라 태도를 형성하는 주체, 즉 사람을 변화시킴으로써 태도를 변경할 수 있다. 태도 형성에 원인을 제공하는 요인들이 변화함으로써 특히 개인의 새로운 경험을 통하여 태도가 변경

될 수 있다.

④ 잠재동기의 활성화 : 태도 형성에 직접적으로 관련되지 않는 요소에 작용하여 태도를 변화시킬 수 있다. 예를 들어 고급차에 대해 부정적인 태도를 유지하는 사람에게 가족의 안전을 강조하여 태도변화를 유도한다든지, EQ 발달을 위해서는 부모와 함께 놀이해야 한다는 주장과 함께 놀이마당을 광고하는 등의 방법이 있을 수 있다.

(5) 학습과 관광행동

가) 학습의 정의와 유형

학습이란 동기, 강력히 인식된 경험, 특정의 자극이나 상황에 대한 행동 경향의 반복이다. 즉 경험의 결론이 있게 된 비교적 영구적인 행동의 변화로 인간행동의 계획된 변화이다.

학습의 내용은 걷기, 말하기 등의 외형적인 활동의 학습을 의미하는 물리적 행동의 학습과 언어 등을 통하여 상대방과 의사소통을 할 수 있는 학습인 상징적 학습 및 호의, 비호의 등의 감정에 대한 학습인 감정적 학습으로 구성되어 있다. 이 세 유형의 학습은 인지적, 즉 지적인 것과 감정적, 즉 정서적인 것의 두 요소에 의해 구성되어 있다.

① 인지적 요소의 학습

- 정보의 학습 : 학교를 다니거나 필요한 기술을 배우고 익히는 등 자신에게 필요한 지적인 정보를 학습하는 것을 말한다.
- 연상(association)의 학습 : 하나의 자극에 대해 다른 자극을 연상하는 학습으로 청바지에서 젊음을, 고급차에서 부나 권력을 연상하는 것을 예로 들 수 있다. 이때는 허위연상이 나타날 수 있다.
- 기호, 기대의 학습 : 제시되는 정보 중에서 하나의 특징(기호)을 찾아

그 기호로부터 어떤 특성을 인식하는 상징성에 대한 학습을 말한다.

② 감정적 요소의 학습

- 선호와 기호의 학습 : 어떤 대상에 대해 자주 접하고 친숙해짐으로써 좋아 하게 되는 현상으로 반복된 자극으로 좋아하게 되는 경우를 말한다.
- 인식적 변별의 학습 : 표준을 정하고 그에 비교하여 좋고 나쁨을 구별하는 것으로 기준을 학습하여 정하는 것을 말한다.
- 욕구의 학습 : 자신의 내적 요구(필요)가 생겼을 때 그것을 구체적으로 어떻게 해결할 것인가 하는 욕구해결의 방법은 자신의 학습에 의해 어떤 방법이 있는가를 미리 알고 있어야 한다. 즉 학습되어 있어야 구체적 욕구가 발생한다.

나) 학습 성립의 조건

학습이 일어나기 위한 조건은 다음과 같은 것들이 있다.

① 준비성(readiness) : 학습을 위해서는 성숙, 경험, 지적인 기초 등의 기본적인 준비가 필요하다. 이런 준비가 되어 있어야 학습이 가능하고, 또 효과적이기도 하다는 점에서 학습의 최적기에 대한 논란이 있다.

② 동기화(motivation) : 학습의 당사자가 무엇인가 학습하고자 하는 의욕이 있어야 학습이 일어날 수 있다. 이 동기는 생체 내의 내재적 동기인 생리적 욕구, 즉 제1차적 동인이 있고, 자극으로의 유인(incentive)이라고 하는 자아발전의 욕구, 즉 제2차적 동인 등이 있다.

③ 흥미(interest) : 일정한 대상과 결부된 자발적이고 적극적 관심을 말한다.

④ 연습 및 반복(exercise and repetition) : 일회적인 학습으로 학습이 이루어지지 않는다. 학습은 지속적인 반복을 통해서 완성된다.

⑤ 학습의 전이(transfer of learning) : 하나에 대한 학습이 다른 학습에 영향

을 미친다. 여기에는 여러 학습에는 동일한 요소가 있기 때문에 전이가 발생한다는 동일요소설과 경험을 일반화시킴으로써 전이가 발생한다는 일반화설이 있다.

다) 관광 행동의 학습

인간의 행동은 보상(reward)과 처벌(punishment)에 의하여 학습된다. 러시아의 생리학자 파블로브는 개를 대상으로 종소리와 음식을 통하여 자극과 그에 대한 반응을 통하여 학습이 가능하다는 것을 밝혔다. 물론 모든 학습이 이와 같은 자극-반응이론(stimulus-response theory : S-R이론)으로 설명될 수는 없다.

내용이 복잡한 학습의 경우 인식적 학습(cognitive learning) 즉 인지적 요소의 학습이 중요하기 때문이다. 예를 들어, 행동과 결과에 대해 명확히 지각하고 있는 경우에는 과거 자신의 경험은 물론 얻을 수 있는 모든 정보를 이용하여 지성적인 행동을 한다고 한다.

관광에서의 학습은 단순하다기보다는 매우 복잡하고 지적인 과정을 거쳐 학습이 이루어진다고 볼 수 있다. 관광객은 관광에 있어서의 소비방법 즉 이용 여행사나 관광목적지, 호텔, 동반자, 교통수단 등의 선택과 이용의 시기와 방법 등에 있어서 과거의 경험에 의해 영향을 받는다. 또 각 개인의 관광의 동기, 태도 역시 학습을 통하여 습득하게 된다.

① 동기의 학습

동기는 요구와 욕구의 과정을 거쳐 구체적 대상에 대해 나타난다. 즉 생득적 요구(innate needs) 예를 들어, 매슬로우의 욕구단계 중 자아실현의 욕구가 나타났을 때 이것을 어떻게 관광으로 연결시킬 것인가 하는 것이 학습된다는 것이다. 관광에 대한 경험이 있고 그에 대한 긍정적인 판단이 있어야 관광에 대한 구체적 동기가 나타날 수 있다.

② 태도의 학습

관광에 대한 태도 역시 학습된다. 같은 상황에서의 관광행동에 대해 긍정적 또는 부정적 태도를 보이는 것은 학습의 결과 얻어진 의견과 신념이 지배한다고 볼 수 있다. 이 때 관광을 행함으로써 얻을 수 있는 각 개인에 대한 보상이 중요한 역할을 한다. 관광을 통한 보상은 이성적 보상(rational rewards), 감각적 보상(sensory rewards), 사회적 보상(social rewards), 자아만족적 보상(ego-satisfying rewards) 등을 들 수 있다.

③ 소비방법의 학습

관광객은 엄청나게 다양한 관광상품과 서비스에 대한 평가를 바탕으로 또 새로운 상품과 가격 등 정보를 활용하여 자신의 소비를 결정한다. 이 때 자신의 소득, 지위 등을 고려하고 과거 자신이나 다른 사람들의 경험을 바탕으로 소비방법을 결정하게 된다.

(6) 관광객 심리의 특성

관광 역시 인간의 욕구를 해결하기 위한 행동의 관점에서 받아들일 수 있다. 인간이 가지고 있는 기본적 욕구와 관광의 관계를 살펴보면, 인간이 가지는 욕구를 지적인 욕구와 탐험의 욕구로 구분할 수 있다. 이 때 지적욕구는 지적인 영역의 욕구로 '알고자 하는 욕구'(need to know)와 '이해하고자 하는 욕구'(need to understand)로 나누어지고, 단순히 아는 것보다 이해하려는 욕구가 상위의 것으로 인정될 수 있다. 또 탐험욕구는 사람들이 갖는 일반적인 호기심에서부터 배우고자 하는 요구, 모험심 등을 모두 포함시킬 수 있는 것이며, 선천적으로 주어진 것이다

이와 같이 인간의 기본적 욕구인 두 욕구가 모두 관광을 통해 충족이 가능하다. 알고자 하는 욕구를 추구하는 관광객은 주유형 관광의 특징을 보이게

됨에 따라 짧은 시간에 많은 곳을 돌아다니는 형태의 관광행위를 할 것이다. 또 알고자 하는 욕구보다 상위에 있다고 볼 수 있는 이해하고자 하는 욕구를 가지는 관광객은 체재형 관광을 선호하여 목적지에서 장기간 머무르면서 상대방의 문화와 생활을 이해하고 공감하는 관광행태를 보일 것이다.

이런 관광에 관한 욕구는 근원적으로 인간의 탐험욕구와 관련되어 있다. 생존을 위한 기본적인 것을 제외하면 탐험의 욕구는 곧 여행으로 표현될 수 있다는 것이다.

또 이런 관광과 관련된 욕구는 항치성 요구와 복합성 요구로 구분하여 볼 수 있다.

항치성(恒致性, consistency) 요구란 균형과 조화, 동일성, 갈등부재 등을 요구하는 인간욕구이다. 사람들은 자신의 삶에 있어서 항치성이 이루어지지 않으면 심리적 긴장과 불안을 느끼게 되고, 이를 해소하고자 하는 경향이 생기게 된다.

복합성(複合性, complexity) 요구란 신기성, 변화, 우발성, 비예측성 등을 추구하는 경향을 말하는데, 인간의 심리는 기본적으로 복잡해서 단순한 것으로는 만족하지 못하기 때문에 항상 새로운 일이 발생하기를 기대하고, 또한 우발적인 상황이 발생하여 전혀 예상치 못했던 경험을 하기를 원하고 있다는 것이다.

사람들은 자신에게 특별한 일(사건)이 일어나기를 기대하면서도 그런 일에 닥치는 것을 두려워한다. 특히 관광객은 이렇게 상호간에 완전히 대치되는 두 가지 욕구를 동시에 가지고 이를 해소하고자 추구하는 경향이 있고, 이런 면에서 관광은 이 두 욕구를 동시에 충족시킬 수 있는 확실한 방안이 될 수 있을 것이다.

관광과 관련하여 완전한 예측은 근원적으로 불가능하기 때문에 권태로부터의 해방을 의미하며, 따라서 적절한 자극과 우발적 상황의 연출은 반드시 필요하다고 판단된다. 그러나 동시에 항치성 요구의 충족도 고려해야 하므로 정해진 프로그램에 따라 평온하게 진행되는 부분 역시 중요한 의미를 갖는다.

이런 경향은 일과 여가 및 관광의 관계에서도 상호보완적으로 표현되고 있다. "고급 일일수록 여가와 구분하기가 어렵다"는 파커의 주장과 보통의 경우 업무에 있어서 단순하거나 반복적 업무는 하위자가 처리하고, 경영자는 비일상성 업무처리를 하며, 단순한 업무에 종사하는 사람은 자신의 관광에서 복합성 추구를 선호하는 경향을 보이고, 복잡하고 정신적 스트레스를 받는 업무에 종사하는 경우에는 항치성 요구의 충족을 원한다는 일반적 경향에서 이런 상관관계를 유추할 수 있다.

건전하고 합리적인 관광을 하기 위해서는 실제 관광행동에 접하기 전에 올바른 관광에 대한 지식을 가져야 한다. 관광객은 각종 정보를 수집하고 분석하는 과정을 거쳐 자신에게 가장 유리한 조건으로 제공되는 관광상품을 소비할 것이다. 관광의 경우 이런 합리적 행동은 상품과 서비스의 평가, 새로운 상품과 가격 등 정보의 이용, 자신의 소득과 지위 등의 변화에 대한 적응 등의 예로 나타날 수 있고, 이는 모두 학습에 의하여 합리적 소비행태로 유도할 수 있다.

관광행동에 있어서의 학습은 여행사의 선택, 목적지의 선택, 호텔의 선택, 동반자의 선택, 교통수단의 선택 등 다양한 형태로 나타날 수 있다. 각 개인은 자신의 경험이나 타인으로부터 얻은 정보를 토대로 의사결정을 하고, 그것이 반복됨에 따라 학습이 이루어질 수 있다.

그러나 관광에 있어서 동기의 학습은 선천적 동기를 제외하고는 이미 가지고 있는 욕구를 표현하는 구체적인 방법을 학습하는 것이지 욕구 자체를 학습하는 것은 아니다. 학습된 동기(learned motive)는 후천적인 학습의 효과로 얻어진 동기로서 여행, 휴식 공포감, 자존심, 소속감, 어떤 것, 교통수단의 선택 등으로 나타나고 있다. 이렇게 학습된 동기는 재학습, 학습내용의 변화로 변

경이 가능하다.

사람들은 모두 자기 자신에 대한 견해, 즉 '자기이미지'(self-image)를 가지고 있으며, 누구나 자기이미지를 보호하려는 노력을 하게 되는데, 이런 것이 성격이나 태도를 형성하는 원인이 되고, 이런 성격이나 태도가 동기로 표현된다. 즉 이상적 자기(ideal self: 자신이 바라는 자신의 모습)와 현실적 자기(real self: 현재의 자신)가 있고, 이 두 자기의 차이를 축소하고자 하는 욕구가 동기로 작용할 수 있다.

이런 동기에 의해 나타나는 결과 중의 하나가 관광행동이다. 이런 요소는 상품선택에 있어서도 작용할 수 있는데, 상품에는 '상징적 잠재성'(symbolic potential)이 있고, 이 상징적 잠재성과 자기 이미지와의 관계에 의하여 상품선택에 영향을 받는다. 상징적 잠재성이 큰 상품 중의 하나가 관광상품이다.

관광객들이 일반적으로 나타내는 심리적 특성을 보면 다음의 일곱 가지를 들 수 있다.

① 탈일상성과 기분전환의 추구 : 관광객은 자신이 거주하는 일상의 생활권을 벗어나 다른 환경에 들어가기 때문에 일상생활에서 제한될 수밖에 없었던 자신의 분위기 즉 기분을 바꾸고자 하는 심리가 내재되어 있다.

② 환대와 친절의 요구 : 관광객은 자신이 금전적 지급을 하는 손님으로써 그에 상응하는 환대와 친절한 봉사를 받기 원한다. 따라서 종업원의 작은 실수나 소홀함에 민감하게 반응하여 불쾌감을 느끼게 된다.

③ 개방성, 익명성 느낌 : 관광객은 관광지 안에 있는 동안은 대부분 익명성이 보장된다. 즉 자신이 누구인지 모르는 많은 사람들 사이에 섞이게 된다. 동시에 관광객은 심리적으로 유흥, 사행, 성적 방종, 리미노이드(liminoid)의 추구 등 자신의 거주지에서 제한받을 수밖에 없는 행동을 하고자 하는 욕구가 강하게 나타난다. 이런 심리적 배경으로 인하여 일상생활에서 금기시되는 일탈적 행동에 대한 유혹을 받게 된다.

④ 직접경험 욕구 : 관광객은 단순히 감상하는 관광에 대해 충분한 만족감을 얻을 수 없고 흔히 불만을 가지게 된다. 관광객은 자신의 감각으로 직접 접촉하고 경험하기를 원하는 경향이 강하다. 이런 특성을 충족시키기 위하여 관광객이 직접 몸으로 참가하는 프로그램이 증가하고 있다.

⑤ 호기심 충족 욕구 : 관광객은 강한 호기심을 가지고, 그것을 즉시 충족시키고자 하는 욕구 또한 동시에 갖는다. 관광을 하고자 하는 원천적 동기도 호기심에서 유발된 부분이 많고, 인간의 원초적 본능이기도 하다. 또 그런 호기심을 충족시키고자 하는 행위가 관광행동이라는 원천적 특성을 갖는다.

⑥ 기념성 추구 : 관광객은 자신의 행동을 기념하고, 오래 기억하고자 하는 심리가 있다. 이는 자신이 스스로의 경험을 간직하고자 하는 것일 수도 있고, 자신의 경험을 남에게 전달하려는 목적을 갖기도 한다. 이런 욕구 충족을 위해 사진을 찍거나 관광목적지의 특징을 가지고 있는 물건을 구입하는 등의 행동이 나타난다.

⑦ 영역감 확보 : 모든 생물은 그것이 존재하는 일정한 영역을 자신의 것으로 생각한다. 관광객 역시 관광지에서도 일상생활권에서와 마찬가지로 자신의 고유 영역을 확보하고자 한다. 이는 숙박이나 수송수단과 같은 공간적 개념이 있는 경우에 타인과의 일정 수준 이상의 거리를 확보하지 못했을 경우 불쾌감을 가지게 되는 원인으로 작용할 수 있다.

IX

국제관광의 수요와 공급

1. 관광수요
2. 국제관광의 공급

국제관광론

Ⅸ. 국제관광의 수요와 공급

1 관광수요

1) 관광수요의 개념과 예측의 필요성

인간의 욕구는 끝이 없다고 한다. 따라서 인간은 자신이 가지고 있는 여러 자원을 효율적으로 배분하여 자신의 욕구를 최대한으로 만족시키고자 노력하고 있다. 이런 관점에서 관광객은 물론 관광을 공급하는 사업자나 자원 소유자 역시 자신이 가지고 있는 자원의 배분에 관심을 가질 수밖에 없다. 관광에 있어서도 같다. 관광에 대한 수요와 공급을 정확하게 예측하고 관리하고 대응하기 위해서 그에 대한 이해가 필요하다

관광수요란 각 개인이 관광하고자 하는 욕구를 말한다. 또 각 개인은 자신의 합리적 소비를 위해서 최대의 노력을 기울이고 있다. 관광공급자 역시 같다. 관광의 공급자는 합리적인 공급을 이루기 위해서 수요에 대한 예측과 관리가 중요하다.

관광행동은 자신의 필요를 충족시키기 위한 소비행위의 한 부분이다. 따라서 자신이 가지고 있는 유한한 자원을 활용하여 극대의 만족을 얻기 위해 수요에 대한 이해가 중요하다. 이를 관광목적지의 관점에서 본다면 관광수요에

대한 정확한 예측이 선행되어야 이를 바탕으로 관광목적지가 가지고 있는 모든 자원을 효율적으로 배분하여 활용할 수 있다는 것이 된다.

일반적으로 관광수요는 탄력성이 강하고, 정치, 경제, 사회 등 외부 환경에 의한 변화가 크다. 또 점차 극복되고 있기는 하지만 계절적 변화가 심한 등의 원인으로 매우 불안정적이라고 할 수 있다. 그러나 분명한 사실은 여러 환경의 변화에도 불구하고 도시화의 진전, 교통수단의 변화, 여가에 대한 태도변화, 소득수준의 향상, 인구구조의 변화 등의 원인으로 지속적으로 증가한다는 점이라고 하겠다.

2) 관광수요 결정 요인

관광은 주변 환경의 영향을 크게 받는 활동이다. 따라서 그 수요를 정확하게 예측하는 데는 한계를 갖는다. 여기서는 관광수요 결정에 영향을 주는 요인을 생각해 보겠다.

① 정치적 요인

정치적 요인은 그 안에 많은 변수를 내포하고 있다. 즉 정치적 요인으로 통칭하지만 매우 많은 하위 요인이 복합적으로 작동하고 있다는 것이다.

- 각국의 정치이념 : 국수주의, 권위주의, 다원주의, 일인독재, 개인의 가치를 존중하는 민주국가 등 각 국가가 추구하고 있는 정치적 이념이 관광수요에 긍정적 또는 부정적으로 영향을 미친다.
- 법적 · 제도적 요인 : 관광객 또는 관광사업 및 관광개발 등과 관련된 법의 내용, 인 · 허가 절차, 보험제도 등은 물론 각종 면허(자격증, 운전면허 등), 외환관리체계, 여행의 금지 또는 제한, 출입국절차(비자, 입국심사 등)이 결정적 영향을 미친다.
- 정치, 치안, 국방 등의 안정성 : 내전 등으로 인한 불안정성이나 치안문

제, 전쟁 등 국가나 사회의 안정성은 관광수요에 영향을 준다.

- 국가 간 관계 : 국제평화와 관광 당사자들 사이의 국가 간 관계 즉 유럽공동체의 경우와 이스라엘과 팔레스타인 사이의 관광수요는 다르게 나타날 수밖에 없다. 즉 관광을 실제 행하는 양 당사국 간의 관계는 물론 국제적인 관계가 관광수요를 결정한다.
- 사회복지 수준 : 복지차원의 관광 관련 지원, 근로시간, 최소임금제도 등 한 국가의 사회보장제도나 국민의 삶의 질에 대한 지원 정도가 그 국가의 관광수요 결정에 영향을 미친다.
- 관광관련 제도 및 기구 : 정보제공, 인식의 제고, 시장의 확보 등 국가의 관광 관련 제도 역시 관광수요 결정의 영향요소가 된다.

② 경제적 요인

관광은 필연적으로 경제적 소비행위를 동반한다. 따라서 경제적 상황은 중요한 관광수요 결정요인이 된다.

- 경제수준 : 각 개인의 가처분소득, 국가적인 소비구조, 관광산업의 수준 등 한 국가와 그 국민의 경제적 수준이 영향요소이다.
- 경제동향 : 국가적 차원에서의 경기상황 즉 호경기 또는 불경기인가에 따라 관광수요가 영향을 받는다. 또 오일 쇼크와 같은 돌발 상태에 따라서 역시 영향을 받는다. 관광수요는 주변 환경에 의해서 영향을 받고 그 탄력성 역시 크게 나타나기 때문에 현재의 경기 상황과 장기적인 경기 전망이 영향을 미친다.
- 국가 간 경제관계 : 실제로 관광을 행하는 두 나라 사이의 경제적 관계 역시 중요 변수가 된다. 즉 양국 사이의 물가 차이나 환율 등은 관광수요 결정에 중요 변수가 된다.

③ 문화·사회적 요인

관광과 관련된 의사결정에는 각 국가의 문화와 사회적 요인과 또 이 두 요인과 관련된 두 나라 사이의 관계가 영향을 줄 수 있다.

- 인구통계적 요인 : 인구수, 인구밀도, 평균수명 등이 영향을 미친다.
- 산업구조 : 산업의 구성, 산업간 근로자 비율, 여가시간 정도 등이 영향을 줄 수 있다.
- 기술수준 : 정보 제공 능력의 정도와 호기심 유발, 편리성과 접근성, 교통, 숙박시설 등 각종 시설과 이를 이용할 수 있는 정도 및 편리성 등이 영향을 줄 수 있다.
- 교육수준 : 한 나라의 국민이 가지는 교육수준은 관광과 관련하여 거의 모든 것을 결정하는 중요한 변수가 된다. 개인은 자신의 교육수준에 의해 가치관과 직업, Life Style 등을 결정하게 되고 이는 각각의 특성에 따라 관광행동을 결정하는 변수로 작용한다.
- 문화교류의 정도와 문화적 동질성 : 관광은 자신의 문화를 배경으로 관광목적지의 문화를 체험하는 행동이다. 따라서 관광객을 송출하는 국가와 목적지가 되는 국가의 문화적 차이 또는 동질성이 관광수요를 결정하는 데 영향을 주는 것은 당연하다.

3) 수요예측 방법

관광수요를 정확하게 예측하는 것은 매우 어려운 일이다. 과거의 자료가 부실한 것도 이유가 되지만, 앞으로의 변화 예측은 더욱 어렵고 동시에 영향을 주는 요인이 너무 많기 때문에 어느 하나에서라도 잘못된 판단을 하면 예측은 의미가 없게 된다. 이런 수요예측을 좀 더 정확하게 하기 위해서 다음과 같은 방법을 이용할 수 있다.

① 질적 예측법

관광의 미래 수요를 수치에 의해서가 아니라 개인의 판단에 의해서 예측하는 방법이다. 이 방법은 과거의 비슷한 사례나 상황을 참고로 하여 예측하는 역사적 예측법과 각 분야의 전문가로 구성된 관광계획 집단(위원회 등)을 구성하여 충분한 토론을 거쳐 예측하는 전문가 패널법 또 이와 유사하게 저문가들의 의견을 여러 차례 모으고 정리하여 판단하는 델파이(delphi)법이 있다.

② 양적 예측법

질적인 예측이 한계에 봉착하게 되자 좀 더 합리적이라고 할 수 있는 계량적인 방법이 나타났다. 즉 과거 자료를 숫자로 표시하고 이를 근거로 미래를 예측하는 방법이다. 과거의 통계를 바탕으로 흐름을 찾고 이를 수치화하여 예측하는 시계열법이 있다. 또 회귀분석법은 오랜 기간의 통계를 바탕으로 하여 각 요소 간의 상관관계를 알고, 이를 공식화하여 계산하는 방법이다. 중력모형은 뉴튼의 중력의 법칙에서 이름을 빌려온 것으로 출발지와 목적지 사이의 거리에 반비례, 인구에 비례하는 등의 요소를 가지고 공식화하고 여기에 변수를 대입하여 미래를 예측하는 방법이다.

2 국제관광의 공급

국제관광이 발전하기 위해서는 공급의 부문인 자원과 상품이 충분하고 다양하게 제시되어야 할 것이며, 동시에 이런 것들을 잠재적 소비자인 관광객에게 알리고자 하는 기업의 마케팅활동이 필요할 것이다. 일반적으로 이런 여러 활동의 바탕에서 예상되는 문제를 예측해서 해결하는 등 관광활동을 전반적으로 지원하고 통제하는 정부의 정책적 활동이 함께 해야 할 것이지만, 여기서는 정부의 역할에 대한 논의는 제외하기로 하겠다.

1) 관광자원 개발

관광에서 자원이라고 하면, 관광객의 행복을 증진시킬 수 있는 가치를 가지는 대상을 의미한다. 그 자체가 가치를 가진 것으로 관광을 통해 만족을 얻으려고 하는 사람들에게 즐거움을 줄 수 있는 대상이 관광자원이다. 관광대상은 관광자원보다 좀 더 넓은 의리를 갖는 것으로, 관광대상이란 관광객에게 관광동기나 욕구를 일으키는 모든 목적물을 의미한다. 즉 관광자원을 비롯하여 사업체가 제공하는 재화, 서비스 등 기타의 모든 것을 포함한다.

관광자원의 개념을 정리하면, 첫째는 관광객의 관광동기나 관광행동을 유발할 수 있는 매력과 유인성을 가져야 하고, 둘째는 보전, 보호가 필요하며, 셋째, 관광자원의 가치는 시대에 따라 변화하게 되다는 것이고, 끝으로 비소모성, 비이동성을 가진다고 정리할 수 있다.

(1) 관광자원의 분류

관광자원은 그것을 보는 관점에 따라 매우 광범위하게 인정될 수 있기 때문에 체계적이고 전체적인 이해를 위한 분류가 매우 중요하다고 할 수 있다. 관광자원의 분류 역시 학자에 따라 다양하게 제시하고 있다. 그 중 대표적인 견해를 살펴보면 다음과 같다.

가) 교통부의 분류

1981년 당시 관광을 담당하던 정부부처인 교통부에서는 관광자원이 관광성향의 변화에 따라 계속 생성되며, 매우 다양하다는 전제 아래 관광자원을 크게 유형관광자원과 무형관광자원으로 대별하고, 이를 다시 자연, 인문, 인적,

비인적 관광자원으로 세분하고 있다.

나) 피어스의 분류

피어스(Pearce, 1982)는 관광자원을 관광객이 방문하도록 유인하는 것으로 보고 관광자원을 자연자원과 인공자원, 인문자원으로 나누고 있다.

다) 자파리의 분류

관광자원에 대하여 “바구니 개념(basket concept)”을 적용한 자파리는 바구니에는 내용물과 그 바구니 자체가 있음을 전제하며, 내용물은 바구니에 담긴 제품(product), 즉 관광시설과 교통을 제시하고 있다. 그리고 바구니 자체는 관광목적지의 유인대상인 관광배경요소(background tourism elements: ETSs)라 하며, 관광배경요소를 자연적 관광배경요소, 사회 · 문화적 관광배경요소, 인공적 관광배경요소의 3가지로 나누고 있다.

라) 한국관광공사의 분류

한국관광공사에서 1983년 국민관광장기종합개발계획을 수립할 당시에 설정한 관광자원의 유형은 크게 유형관광자원과 무형관광자원으로 구분되고, 유형관광자원은 다시 자연적 관광자원, 문화적 관광자원, 사회적 관광자원, 산업적 관광자원, 관광레크리에이션자원으로 세분하고 있으며, 무형관광자원은 인적 관광자원과 비인적 관광자원으로 세분하고 있다.

이상과 같이 여러 분류는 서로 간에 약간의 차이를 보이기는 하지만, 그 관점에서 보면 유사하다고 할 수 있다. 앞에서 제시한 다양한 주장을 정리하면 〈표 Ⅸ-1〉과 같이 정리할 수 있다.

〈표 Ⅸ-1〉 관광자원 분류 정리(저자 작성)

분류자	유형			구성 요소
교통부	유형관광자원	자연관광자원		
		인문관광자원	문화관광자원	
			산업관광자원	
	무형관광자원	인적관광자원		
		비인적관광자원		
피어스	자연자원			지형, 동물과 식물 등
	인공자원			사원, 기념물, 역사적 건축물, 공원 등
	인문자원			언어, 음악, 민속, 무용 등
자파리	자연적 관광배경 요소			수자원, 기후, 산과 숲, 풍경 등
	사회 · 문화적 관광배경 요소			축제와 행사, 역사, 종교, 정치, 예술 등
	인공적 관광배경 요소			건물, 기념물, 종교적 건축물 등
한국관광공사	유형관광자원	자연적 관광자원		천연자원, 천문자원, 동 · 식물 등
		문화적 관광자원		유적, 사적, 사찰, 공원 등
		사회적 관광자원		풍속, 행사, 생활, 예술, 교육, 스포츠 등
		산업적 관광자원		공업단지, 유통단지, 농장, 목장 등
		관광레크리에이션 자원		수영장, 놀이시설, 캠프장, 공원 등
	무형관광자원	인적 관광자원		국민성, 풍속, 관습, 예절 등
		비인적 관광자원		종교, 사상, 철학, 음악 등

(2) 관광자원의 성격

관광자원은 그 자체에서 몇 가지 특성을 보이고 있고, 이런 특성을 가진 것이라야 관광객을 불러들일 수 있는 자원으로 받아들여질 수 있다.

① 매력성과 유인성 : 관광자원은 관광객들이 관광하고자 하는 욕구와 동기

가 나타날 수 있도록 하는 매력을 가지고 있어야 한다. 이런 매력이 있어야 관광이 시작될 수 있을 것이다. 또 동시에 관광자원은 관광객을 자원이 있는 곳까지 움직이도록 하는 유인성을 가지고 있어야 관광이 실제로 이루어질 수 있다.

② 개발요구성 : 관광자원은 자연에서 주어진 그대로 또는 인문적 자원을 원형대로 이용할 수 있는 경우도 있지만, 대부분의 경우 어느 정도의 변화와 인위적 개발을 필요로 한다. 이런 관광자원과 개발이 잘 조화될 때 관광자원의 진가가 발휘될 수 있다.

③ 다양성 : 관광자원의 범위는 매우 넓다. 자연·인문 등 우리가 쉽게 관광자원으로 인식할 수 있는 것들은 물론이고, 그 외에 일상적인 대상물들도 인간의 관점에 따라서, 또는 개발의 노력 여하에 따라 훌륭한 관광자원이 될 수 있다.

④ 가치의 변화 가능성 : 관광자원의 가치는 시간과 장소와 사람의 가치관이 바뀜에 따라 변화한다. 과거에는 관광자원으로서의 가치가 없던 것들이 기술이 발달하고 사람들의 생활과 생각이 바뀜에 따라 가치를 갖게 되는 경우도 있고, 그 반대의 경우도 나타날 수 있다.

⑤ 보존·보호·보전의 필요 : 보존(保存; preservation), 보호(保護; protection), 보전(保全; conservation) 등의 각 개념은 관광자원을 잘 유지한다는 의미를 주지만, 약간씩 뜻을 달리하고 있다. 보호란 원형을 가능한 한 그대로 유지하고자 하는 것이고, 보존이란 자원의 가치를 유지시키고자 하는 노력을 말한다. 보전이란 관광자원이 가지는 의미를 이해하고 상황의 변화에 맞도록 그 의미를 유지시키고자 하는 활동을 말한다. 관광자원은 그 가치의 유지와 개발을 위해 항상 그것이 가지는 특성이나 시대적 요구에 따른 보존·보호·보전이 필요하다.

⑥ 비소모성 : 일반적 의미의 자원이 생산의 과정에서 소멸되는 것임에 비

하여 관광자원은 개별적 이용에 의해 소모되지 않는 공공재적 특성을 보인다. 공공재(公共財)는 반대되는 사유재(私有財)가 특정한 소비자가 재화를 독점적으로 이용하는 것임에 비하여 특정의 소비자의 소비에 의해 다른 소비자의 소비권리가 배제되지 않는 것이다.

(3) 관광자원의 평가

관광자원은 각각이 다른 특성을 가지고 관광객의 욕구에 따라 다른 만족을 주기 때문에 어떤 특정한 하나의 평가기준으로 어느 것이 다른 것보다 더 우수하고 열등하다고 일률적으로 판단하는 데는 큰 어려움이 있다. 그러나 보편적인 기준에서 또 보편적인 특성을 대상으로 판단하여 우열을 가리는 것은 필요하다고 본다. 여기서는 관광자원을 비교평가하는 가장 보편적인 기준에 대해 설명하겠다.

① 접근성(accessibility) : 관광객의 거주지에서부터 관광지까지의 거리이다. 접근성의 판단에 있어서는 단순한 거리 즉 물리적인 거리보다는 시간과 비용에 따른 경제적 거리 또는 심리적 거리가 더 중요하게 작용할 수 있다. 동시에 외부에서의 접근성 못지않게 내부에서의 이동 편리성도 염두에 두어야 할 것이다.

② 자원의 유형 : 관광자원은 각각의 활용 가능성에 따라 감상형(경관, 자연, 고적 등), 휴양형(피서, 피한, 요양 등), 오락형, 스포츠형 등등으로 나눌 수 있다. 이런 활용 가능성과 관광객의 욕구와의 합치 정도에 따라 자원의 가치 평가가 달라질 것이다.

③ 자원의 이미지 : 이미지란 개인 또는 집단이 대상에 대해 가지는 일련의 신념이라고 할 수 있다. 즉 관광객이 자원에 대해 가지는 이미지는 관광객의 의사결정과 행동에 영향을 주게 되므로, 관광자원이 가지고 있는 이미지는 가치 판단의 기준이 될 수 있다.

④ 시설(facility) : 관광객이 이용하고 그들에게 편리함을 주는 시설 역시 가치 판단의 요소가 된다. 이 시설은 그 자체로는 독자적 유인물이 되지 못하지만, 편리하고 쾌적한 시설은 자원의 가치를 향상시킨다.

⑤ 하부구조(infrastructure) : 하부구조는 관광객이 관광의 대상에 접근하고 이용하는데 이용되는 모든 사회 간접자본을 의미한다. 항만이나 공항 등에서부터 시작되는 교통, 숙박, 전기, 수도, 의료 설비 등에 이르기까지 사회간접자본은 관광객이 관광자원의 가치를 평가하는 데 영향을 미친다.

(4) 관광자원의 내용

가) 자연적 관광자원

자연적 관광자원에는 산지, 하천, 해안, 온천, 동굴, 경승지, 천연기념물 등이 포함된다. 이는 물리적 요소(physical factors)와 함께 동식물의 종류, 양, 식생 등과 같은 생물적 요소(biological factors)를 가지고 있고, 일출, 일몰, 화산활동, 온천, 간헐천 등과 같은 자연현상적 요인 및 관광객이 느끼는 흥미요소 역시 갖추고 있는데, 특히 자연적 관광자원이 갖는 매력요소는 원시적 자연미와 신비성, 특이성 및 건강에 도움을 주는 보양성을 들 수 있다.

이런 자연적 관광자원은 또 이동이 자유롭지 못하다는 비이동성(immobility)과 계절에 따라 다른 모습을 보이는 계절성(seasonal variation), 구성요소나 효용에서 매우 많은 요인들이 결합되는 다양성(diversity)과 함께 환경, 역사적 요인에 따라 변화하는 변동성(changeability) 등의 특성이 있다. 또 다른 특성으로는 자원의 소비가 소비자의 참여로 이루어지고, 저장이 불가능하며, 인위적 파괴만 아니면 소모가 되지 않는 비소모성을 갖는다는 점이 있다.

자연적 관광자원의 효율적 활용을 위해서는 이용자 즉 관광객과 다른 관련자들에게 적절한 교육 등으로 자연의 이해능력을 함양하여 밖으로부터의 만족을 찾는 것이 아니라 내면적 만족을 추구할 수 있도록 하는 것이 필수적이라 할 수 있다. 또 자연을 충분하고 효과적으로 이용할 수 있는 기본적 환경의 구비가 중요하다. 종합적으로 이용자는 자연적 관광자원을 창조적 보전(creative conservation)이라는 관점에서 이해하고 이용하여야 한다.

나) 문화적 관광자원

문화는 청년문화, 전통문화, 식사문화, 학교문화, 정치문화 등 여러 하위문화로 구성되어 있다. 이런 문화 향유의 결과로 나타난 문화적 관광자원은 건축물이나 의복, 가구 등 형태를 가지고 있는 유형의 문화재(文化財)와 제사나 축제와 같이 눈으로 볼 수 없는 문화제(文化祭) 및 역사적 기념물 등과 같이 다양하게 존재하고 있다. 문화적 관광자원은 보존과 보전이 중요한 것으로 이의 활용과 함께 정신을 계승할 수 있도록 배려해야 할 것이다.

다) 사회적 관광자원

사회적 관광자원이란 사람들이 사회적인 생활을 영위한 결과로 나타난 것으로 한 지역 사람들의 삶이 다른 지역 사람들에게는 관광의 대상이 될 수 있는 것을 의미한다. 그 예로는 특이한 교통시설 즉 속도제한이 없는 것으로 유명한 독일의 아우토반(Autobahn)이나 스위스의 산악열차 등을 들 수 있다. 또 도시 자체나 그 도시에서의 삶이 관광자원이 될 수 있는데, 미국의 뉴욕이나 프랑스 파리, 이집트의 카이로, 태국의 수상시장 등이 예가 될 수 있다.

또 특정한 지역에서 벌어지는 이벤트는 매우 중요한 관광자원이 된다. 4년마다 개최되는 스포츠 제전인 올림픽이나 세계 4대 축제 중의 하나로 인정되는 독일 뮌헨의 옥토버페스트(October Fest), 브라질의 리우 카니발 등의 이벤트는 세계적으로 엄청난 관광객을 유인하는 효과를 보이고 있다.

라) 산업적 관광자원

생산을 주로 하는 산업도 그 활용에 따라 관광자원으로서의 기능을 할 수

있다. 또 산업의 성격 자체가 관광객을 주요 고객으로 하는 관광업이 될 수도 있다.

산업은 그 규모나 기술, 생산품에 의해 세계인의 주목을 받으면 그대로 관광자원으로서 역할을 할 수 있다. 독일 뮌헨의 BMW 자동차회사는 자동차를 좋아하는 사람들 뿐 아니라 일반인들에게도 중요한 관광대상이 되고 있다. 또 세계일주에 참가하는 호화 유람선은 그 자체가 영리적 목적으로 가지기도 하면서 선박을 관광 대상으로 인정할 수 있다.

순수한 관광산업으로는 도시주민을 대상으로 해서 생산수단을 임대하거나 단순채취형, 휴식형, 판매형의 농장을 운영하는 경우를 예로 들 수 있는데 이런 산업을 관광농업이라고 한다. 또 토산품을 제작하고 판매하거나 하는 경우에도 관광산업으로 인정될 수 있다.

마) 관광레크리에이션 자원

관광레크리에이션 자원은 수영장이나 캠핑장처럼 관광객들이 즐길 수 있는 시설을 준비하여 관광객이 찾도록 하는 것이다. 종합휴양지나 골프, 마리나 등의 시설이 그 예가 될 수 있다.

(5) 관광자원의 개발

가) 관광자원 개발의 의의

관광자원의 개발이란 자원의 구분에 관계없이 모든 관광자원에 인간이 가진 기술, 인력, 자본 등을 투입하여 자원이 지닌 잠재력을 극대화시킴으로써 관광객의 만족을 증진시키는 일련의 활동을 말한다. 개발에는 자원을 직접적으로 변화시키는 활동을 포함하여 지역의 기반시설 확충, 교통, 숙박, 식음료 등 모든 것을 포함한다.

관광자원의 개발이 곧 파괴라는 잘못된 인식을 없애기 위해서는 파괴를 막는 개발이 이루어져야 한다. 이는 "어떤 생각(이념)"을 가진 사람이 개발의 주체가 되는가에 달려 있다. 물리적 개발보다는 주변 또는 사람의 삶과의 조화와 절제에 중점을 두어야 한다. 또한 예견되는 문제 회피 노력과 문제가 발생했을 때 강력한 처벌은 물론 관련 기술의 개발과 인재양성과 함께 수요자인 관광객의 의식개혁 역시 중요하다.

나) 자원 개발의 목적

관광자원을 개발하는 주요 목적은 다음의 몇 가지로 제시되고 있다.

① 관광기회의 제공 : 관광객의 욕구를 충족시키기 위해 충분하고 다양한 기회를 제공한다.

② 지역경제의 발전 : 관광객의 유치와 그로 인한 경제적 편익을 바탕으로 지역의 경제적 발전을 이룬다.

③ 관광자원의 가치 증대 : 관광자원은 보호하고 보전하지 않으면 자연적으로 소멸하고 훼손된다. 적절한 이용과 관리는 관광자원이 가지는 가치를 유지하고 증대시키는 원인이 된다.

④ 관광자원 이용자의 보호 : 관광자원의 이용에 있어서 올바른 관리와 개발은 이용자가 처할 수 있는 여러 위험에서 이용자를 보호하는 방벙이 된다.

2) 관광상품 개발

(1) 관광상품의 개념

관광상품이란 관광산업이 생산하는 일절의 재화와 서비스이다. 더 구체적으로 한국관광공사에서 규정한 대로 관광상품은 소비자인 관광객들을 만족시킬 수 있는 유형, 무형의 상품으로서 관광객들이 구입하는 기념품과 각종 음

식, 그리고 특산물 등과 같은 유형적인 상품과 온천욕, 관광안내, 여객운송, 게임 등과 같은 무형적인 서비스상품이다.

(2) 관광상품의 종류

관광은 일상생활에서와 같이 매우 다양한 물건을 소비한다. 거기에 더하여 관광객이 자신의 욕구를 채우기 위해 다른 활동을 추가한다. 따라서 일상적 용품에서 음식, 행사, 지역의 경관, 즐거움의 추구 등이 있고, 거기에 독특한 아이디어를 첨가함으로써 새로운 상품을 구성할 수 있다. 따라서 관광상품은 특정하기 어려울 정도로 그 종류가 매우 많다.

이탈리아의 자파리는 이런 관광상품을 바구니(package)라는 개념을 도입해서 설명하고 있다. 즉 관광상품은 어떤 특정한 것이 아니라 과일바구니와 같이 바구니를 구입하면 그 안에 다양한 상품이 혼재되어 있고, 그것을 동시에 구매하고 소비한다는 것이다.

(3) 관광상품의 특성

관광상품의 특성을 보면 다음과 같은 8가지를 제시할 수 있다.

① 무형성 : 관광상품은 기념품 · 음식 등 유형의 것도 있으나, 교통 · 숙박 · 관람 등 무형의 서비스가 대부분이며, 유형의 것이라 하여도 친절이나 미소 등의 서비스가 부가되지 않으면 그 가치가 현저하게 떨어지게 된다.

② 비저장성 : 관광상품은 상품의 생산과 소비가 동시에 발생한다. 이는 서비스가 갖는 고유의 특성이기도 하며, 그에 따라 상품의 저장은 있을 수 없다. 이 역시 특별한 경우 저장이 가능할 수 있으나, 서비스가 배제된 관광상품은 본질과는 다른 것이라고 하겠다.

③ 계절성 : 관광상품은 그것이 가지는 위치나 고유성으로 인하여 특정의 계절에 가치가 증가하고, 수요가 몰리는 현상이 나타난다. 이런 성질은

관광상품이 지속적으로 수급의 불균형을 보일 수밖에 없는 결정적 원인이 된다.

④ 비가격경쟁 : 대부분의 상품은 같은 효용을 제공하면서도 약간의 질적 차이를 둘 수 있고, 이런 차이를 가격에 반영함으로써 다른 유사상품과 경쟁하거나 심한 경우 동일상품으로 가격을 통한 경쟁을 하게 된다. 그러나 관광상품의 질은 객관적 기준이 아니라 주관적인 판단에 의해 결정된다. 이는 관광상품이 획일적 생산이 불가능하다는 점에서 더욱 두드러지게 되고, 따라서 관광상품에 있어서 동일 상품의 덤핑 등 특별한 경우 이외에는 가격을 통한 경쟁은 의미를 갖지 못한다.

⑤ 모방의 용이함과 불가능이 공존 : 관광상품은 외형적인 면에서 새로운 상품으로서의 독자적 위치를 지키는 것이 매우 어렵고, 동시에 무형의 서비스로 다른 제품과 차별화하는 것 역시 상당히 곤란하여 남의 상품을 모방하기가 용이하다.

그러나 질적인 면에서는 그 반대의 현상이 있다. 즉 외형적인 상품은 쉽게 모방되어 시장에 나타날 수 있는 반면에, 인적 자원과 무형의 노하우(know-how)가 바탕이 되는 서비스에 의한 차별화는 모방이 어려우며, 그것이 어려운 만큼 차별화되어 있는 관광상품을 질적인 면에서 모방하는 것은 상당한 시간과 노력을 요한다. 결국 관광상품은 쉽게 모방할 수 있는 부분과 모방이 거의 불가능하여 상당기간 동안 고유한 시장의 확보가 가능한 부분으로 양극화되어 있다고 할 수 있다.

⑥ 한계효용체감의 법칙 예외 : 일반적인 상품의 경우 그것이 가지는 한계효용은 점차 감소하는 것이 일반적이다. 이를 한계효용체감의 법칙이라고 한다. 그러나 관광상품의 소비는 그것이 경험인 추억 등의 형태로 내재되기 때문에 관광객의 욕구나 흥미를 증가시킴으로써 한계효용이 오히려 증가하거나 최소한 일률적으로 감소하지는 않는다는 특성을

갖는다.

⑦ 가치상품 : 특정의 관광상품의 소비를 결정하는 데 영향을 주는 요소는 많이 있고, 서로 복합적으로 영향을 주는 것이 사실이지만, 그 중의 여러 요소는 단순한 효용이 아니라 자신의 신분이나 지위의 확인을 위한 과시적 소비(誇示的 消費: conspicuous consumption)인 경우가 많다. 즉 관광객은 관광상품을 구입함에 있어서 그것의 효용은 물론, 그것이 갖는 이미지와 상징성을 동시에 구매하는 것이다. 이런 요소 때문에 관광상품은 가치성을 갖는다.

⑧ 질적 통제의 불가능 : 관광상품의 관리에 있어서 눈에 보이는 외적인 부분에 대한 통제는 가능할 수 있으나, 서비스가 기본이 되는 내적이고 질적인 통제는 불가능하다. 서비스의 질이란 인간의 마음으로부터 우러나는 것이므로 서비스 제공자의 본심에서 우러나야 하며, 이는 외적인 통제의 대상이 될 수 없다.

(4) 관광상품의 개발전략

가) 신상품 수용과정

일반적으로 시장에 새로운 상품이 나타나면 일정한 과정을 거쳐 소비자에게 받아들여지게 된다고 한다. 그 과정은 인지 → 관심 → 평가 → 시용 → 수용이다.

① 인지(awareness)란 신상품에 대해 알아가는 단계로 관련 정보는 적고, 소비자는 제품에 대해 잘 알고 있지 못하다.

② 관심(흥미)(interest) 단계는 소비자가 신상품에 대해 알고자 하는 자극을 받는 단계이다. 즉 신상품에 대해 인지한 후 흥미를 느껴 관심을 가지고 정보를 수집하는 단계를 말한다.

③ 평가(evaluation) 단계는 흥미를 가지고 신상품에 관심을 느낀 소비자가

그 제품의 사용에 관하여 고려하는 단계를 말한다.

④ 시용(trial) 단계는 소비자가 신상품을 시험적으로 사용해 보는 단계를 말한다. 이때 소비자는 그 제품을 소규모로 또 부정기적으로 사용하고 제품을 시험한다.

⑤ 수용(채택)(adoption) 단계에 들어서면 소비자는 이 제품에 대해 완전한 믿음을 가지게 된다. 즉 제품의 품질과 가격 등 조건에 대해 신뢰하고 만족하여 다른 제품에 우선하여 소비를 결정하고, 정기적으로 사용한다.

나) 관광상품 개발의 고려점

이런 단계를 가능한대로 빨리 소화하기 위하여 신제품 개발을 위해서 시장환경과 소비자, 관련 법규, 정부의 정책 등과 관련된 정보를 확보하고 적응하는 여러 가지 준비가 필요하다. 특히 제품의 소비를 결정하고 행동하는 소비자에 대한 이해는 필수적이라고 할 수 있다. 관광 역시 관광객이 소비자로서 역할을 담당하고 있으므로 관광상품의 개발에 있어서 관광객에 대한 이해는 필수적인 전제조건이라고 할 수 있다.

관광객에 대한 이해를 바탕으로 관광상품의 개발에서 고려해야 할 조건을 살펴보면 다음과 같다.

① **표적시장(Target Market)의 결정**

관광시장은 지역적으로나 내용적으로 매우 광범위하고 다양한 조건이 중첩되어 있기 때문에 모든 관광객의 욕구를 충족시킬 수 있는 상품의 개발은 불가능하다. 따라서 시장이 내적 특성을 공유할 수 있도록 구분하는 작업인 시장세분화(market segmentation)가 매우 중요하다. 여러 특성을 기준으로 큰 시장을 작게 자르는 세분화를 거쳐 선택된 주력시장을 표적시장이라고 한다.

이와 같이 표적시장이 결정되면 생산자는 자신의 제품을 결정하고 유통경로, 가격, 마케팅의 수단과 방법 등을 결정하는 4P's mix해서 시장에 접근하게

된다.

② 적절한 연출

관광상품의 연출이란, 관광목적지와 관광상품을 있는 그대로 제공하는 것이 아니라 관광객의 욕구에 좀 더 부응하기 위해 잘 표현하고자 하는 노력이다. 연출은 이용 가능한 모든 물적 · 인적 자원을 활용하여 소비자가 만족할 수 있도록 만들어내는 것이다. 이를 위하여 기술적 검토와 함께 관광목적지의 전체적 연계성을 고려해야 한다.

연출에는 다른 관광목적지와 차별화되는 이곳만의 개성의 부여가 필요하다. 동시에 가지고 있는 자원의 매력을 최대한으로 부각시킬 수 있도록 만들어져야 한다. 이렇게 만들어지기 위해서는 한 지역의 고유한 특성을 분명하게 강조할 필요가 있으며, 한번 만들어진 상품이 고정된 것이 아니라 시장과 수용자인 관광객의 욕구 변화에 신속하게 부응하여 변화될 수 있도록 유연성을 가지고 있어야 한다. 전체적으로는 관광상품에 대해 주변의 환경과 문화를 배경으로 한 통일된 성격을 부여하는 것이 중요하다.

③ 즐거움의 기회 제공

관광객은 즐거움을 찾기 위해 비용을 부담하고 관광목적지를 찾고 상품을 구매하는 것이다. 따라서 관광상품을 개발함에 있어서 중요한 점은 관광객이 적절한 소비를 하고, 그 소비활동에 대해 만족할 수 있도록 즐거움의 기회를 충분히 제공하여야 한다는 점이다.

④ Idea의 중요성 인식

관광상품은 보이는 것과 보이지 않는 것이 결합하여 상품으로서의 가치를 가지게 된다. 자연경관이 수려하고 문화가 풍요롭고, 시설이 충분히 좋다고 해도 그것들이 어떻게 관광객에게 제공되느냐에 따라 가치가 변화한다. 즉 관광상품을 어떻게 구성하고 결합하여 어떤 시기에 어떤 방법으로 제공하느냐에 따라 관광객의 만족도가 달라질 수 있으므로 상품개발 시 자원의 가치를 높일 수 있는 아이디어가 중요한 역할을 한다.

다) 관광가격 결정

관광상품의 가격은 관광객의 소비를 결정하는 중요한 결정요인 중의 하나이다. 관광상품의 가격은 관광의 수요와 공급이 일치하는 점에서 결정된다. 이는 〈그림 Ⅸ-1〉과 같이 나타낼 수 있다. 이렇게 중요한 의미를 갖는 관광가격의 결정에는 여러 요소가 영향을 미친다.

〈그림 Ⅸ-1〉 수요와 공급량에 의한 가격결정

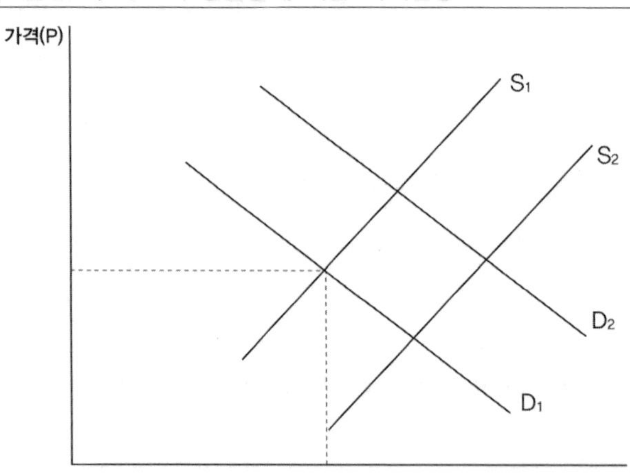

① 수요의 탄력성[1]과 변화 정도

관광수요는 가격에 대해 매우 탄력적이다. 이는 관광가격의 변화에 비해 수요의 변화량이 크다는 것이다. 이런 탄력성은 가격이 변동될 때 상품에 대

1) 탄력성(elasticity) : 조건 변화에 따른 관광수요 변화 정도

$$\text{가격탄력성 } Ep = \frac{\text{수요변화율}}{\text{가격변화율}}, \quad \text{수요의 소득탄력성 } Ei = \frac{\text{수요변화율}}{\text{소득변화율}}$$

한 수요의 반응을 예측할 수 있도록 정보를 제공하는 것이므로 가격결정 또는 변동 시 중요하게 고려해야 할 요소이다.

또 가격의 변화에 따른 전체 수요량의 변화를 고려대상으로 해야 한다. 전체적인 수요량의 변화는 물론 상표충성도(brand loyalty)에 따른 변화도 감안하여 가격을 결정해야 가격결정으로 인한 문제를 예방할 수 있다. 상표충성도가 높으면 그렇지 않은 경우보다 가격의 변동에 대해 소비량의 변화 정도가 상대적으로 적게 나타나게 된다.

② 비용구조

관광상품의 생산에 소요되는 비용(총비용, total cost) 중에서 고정비(fixed cost)와 변동비(variable cost)의 비율이 어떻게 되는가에 따라 가격결정에 영향을 받는다. 고정비가 클 경우 생산량의 탄력적인 변화가 어렵기 때문에 가격결정에 좀 더 신중해야 할 것이다.

③ 경쟁상태

시장은 독점적인 공급의 기회를 주지 않는다. 어떤 시장이라도 경쟁의 관계에 있기 마련인데, 경쟁의 상태에 따라, 즉 완전경쟁인가 불완전경쟁인가에 따라 가격 결정이 달라지는 것이 합리적이다. 시장이 완전경쟁 상태에 가까울수록 관광상품의 가격변동이 작아도 수요량의 변화는 크게 나타나기 때문에 가격변동에 신중해야 할 것이다.

④ 정책적 결정

관광상품의 가격결정에 있어서 특히 신제품의 경우 전략적인 결정이 가격에 영향을 줄 수 있다. 즉 새로운 상품을 가지고 시장에 대해 어떤 정책을 수행할 것인가에 따라 가격이 달라질 수 있다. 즉 시장점유율을 확대하고자 하는 경우와 고급화 전략을 추구하는 경우의 관광상품 가격은 차이가 있을 것이다.

⑤ 기타의 요인

기타 관광상품의 가격결정에 영향을 주는 요소로는 상품의 품질이나 유통방법, 시장의 성격, 계절성 그리고 심리적인 요인 등이 있다.

라) 한국 관광상품의 문제점

관광상품은 여러 요소가 적절하게 고려되어야 좋은 상품이 될 수 있다. 우리나라의 경우 관광상품에 많은 문제점이 있다고 지적되고 있는데, 우리나라 관광상품이 가지는 일반적인 문제점 역시 이런 여러 고려 요소가 충분히 반영되지 않았기 때문에 나타나는 것으로 이해할 수 있다.

① 소비자 욕구 파악 노력 부족 : 모든 상품이 그렇지만 관광상품은 그 개발에서부터 표적소비자를 정하고 그들의 욕구에 강하게 소구할 수 있는 상품의 개발이 필요한데 그렇지 못한 경우가 많이 지적되고 있다.

② 마케팅 노력 부족 : 개발된 상품에 관계되는 정보를 소비자에게 적절한 통로를 이용하여 정확하게 전달하는 노력이 필요하다.

③ 관광에 대한 편견 : 관광은 단순한 소비행위고 따라서 관광객은 합리적 소비자가 아니라 과시적 소비 또는 즉흥적 소비를 하는 비합리적 행위주체로 인식하고 그에 대응하는 관광상품을 제공하는 데서 오는 문제점이 지적되고 있다.

④ 관광객 범위의 축소 인식 : 관광객 즉 관광상품의 소비자에 대한 인식이 순수한 관광객만을 대상으로 하고 있다. 그러나 관광상품의 소비자는 목적에 관계없이 방문하는 모든 외지인은 물론 그 지역주민도 될 수 있다는 관점의 전환이 필요하다.

⑤ 동반자로서의 관련 기업에 대한 배려 부족 : 대부분의 관광상품의 소비에는 어떤 형태든 다른 관련 업체가 깊이 관여하고 있다. 당연히 혼자가

아니라 관련 업체가 모두 함께 발전한다는 의식을 바탕으로 관광상품을 구성하고 소비를 유도해야 장기적인 발전 가능성을 가질 수 있다.

⑥ 소비가 특정 지역에 집중 : 관광상품의 소비가 특정 지역 특히 수도권 집중되어 지방의 한국적인 상품이 개발되지도 못하고, 개발되어도 소비가 없는 악순환이 계속되고 있다.

⑦ 상품의 다각화 노력 부족 : 관광객의 관심을 끄는 모든 것이 상품이 될 수 있다는 사고의 혁신이 필요하다. 이런 사고를 바탕으로 획기적인 신상품 개발의 노력이 있어야 이를 바탕으로 다양한 관광상품의 개발이 가능해진다.

⑧ 전문인력 부족 : 상품의 개발, 마케팅, 유형상품의 제작, 무형상품 기술보유자 등 전체적으로 해당분야의 전문가가 부족하다. 안내원, 서비스 담당자, 기능보유자 등은 그 자체가 훌륭한 관광상품이 되므로 이들 인재의 양성이 매우 중요하다.

⑨ 지나친 가격에 의지 : 관광상품은 그 의미를 파는 가치상품이다, 따라서 가격이 의사결정의 영향 요소이기는 하지만 다른 상품처럼 큰 영향력을 갖는다고 할 수 없다. 이런 점을 간과함으로써 가격에 지나친 의존을 하게 되고, 따라서 고급화되고 고유한 특성을 갖는 관광상품의 개발에 한계가 있다.

3) 관광기업의 활동

관광과 관련된 활동을 하는 기업으로서의 관광사업은 다양한 활동을 통하여 관광이 활성화 될 수 있도록 돕고 있다. 이런 활동은 관광사업의 영리목적의 추구와 함께 관광을 전반적으로 활성화시킴으로써 여러 효과를 얻을 수 있다.

가) 관광사업의 정의

관광사업이란 관광객의 관광행위 과정에서 관련되어 발생하는 일절의 사업을 말하는 것으로, 관광객의 유치와 더불어 관광객에게 서비스를 제공하는 모든 일을 가리킨다. 우리나라 「관광진흥법」은 제2조 제1호에서 "관광사업이란 관광객을 위하여 운송 · 숙박 · 음식 · 운동 · 오락 · 휴양 또는 용역을 제공하거나 그 밖에 관광에 딸린 시설을 갖추어 이를 이용하게 하는 업(業)을 말한다"고 규정하고 있다.

나) 관광사업의 분류

① 사업주체에 의한 분류: 관광사업은 사업주체에 의해서 공적 관광기관과 사적 관광기업으로 나눌 수 있다. 공적 관광기관은 정부나 지방자치단체 등의 관광행정기관과 관광협회나 업종별 협회 등 관광공익단체로 나누어지며, 영리목적인 사적관광기업은 직접관련 관광기업과 간접적 관광관련 기업으로 나누어볼 수 있다.

② 「관광진흥법」에 의한 분류: 2017년 10월 말 현재 「관광진흥법」 제3조에서 규정하고 있는 관광사업의 종류는 여행업, 관광숙박업, 관광객이용시설업, 국제회의업, 카지노업, 유원시설업, 관광편의시설업 등 크게 7개 업종으로 구분하고 있으며, 동법 시행령에서는 이를 각각의 종류별로 다시 세분하고 있다(동법 시행령 제2조). 이를 도표화하면 다음 〈표 Ⅸ-2〉와 같다.

〈표 Ⅸ-2〉「관광진흥법」에 따른 관광사업의 분류

종류	세분류	
여행업	일반여행업, 국외여행업, 국내여행업	
관광숙박업	호텔업	관광호텔업, 수상관광호텔업, 한국전통호텔업, 가족호텔업, 호스텔업, 소형호텔업, 의료관광호텔업
	휴양콘도미니엄업	
관광객이용시설업	전문휴양업	민속촌, 해수욕장, 수렵장, 동물원, 식물원, 수족관, 온천장, 동굴자원, 수영장, 농어촌휴양시설, 활공장, 등록 및 신고 체육시설업시설, 산림휴양시설, 박물관, 미술관
	종합휴양업	제1종 종합휴양업, 제2종 종합휴양업
	야영장업(일반야영장업, 자동차야영업)	
	관광유람선업(일반관광유람선업, 크루즈업)	
	관광공연장업	
	외국인관광 도시민박업	
국제회의업	국제회의시설업, 국제회의기획업	
카지노업		
유원시설업	종합유원시설업, 일반유원시설업, 기타유원시설업	
관광편의시설업	관광유흥음식점업, 관광극장유흥업, 외국인전용 유흥음식점업, 관광식당업, 관광순환버스업, 관광사진업, 여객자동차터미널시설업, 관광펜션업, 관광궤도업, 한옥체험업, 관광면세업	

자료 : 조진호 외 3인 공저, 관광법규론(서울: 현학사, 2017), p.122.

다) 관광사업의 특성

관광사업은 그 활동영역이 관광이라는 점에서 다른 사업체가 가지지 않는 특성을 가지게 된다.

① 복합성 : 관광사업은 관련 사업 내용이 매우 복합적이다. 즉 관광객이 일상생활 속에서 관광에 대해 관심을 가질 때부터 시작하여 관광에 대해 정보를 수집하고 대행사를 물색하고 관광을 실행에 옮기고 기억을 정리할 때까지 즉 관광행위의 시작에서 관광을 마치고 다시 거주지로 돌아온 이후까지 전체 내용을 망라하는 활동이 요구된다.

또 관광사업의 운영 주체 역시 정부는 물론 민간과 정부와 민간이 공동 주체가 되는 제3섹터까지 활동하고 있으며, 그로 인하여 사업운영 목적에 있어서도 일반적으로 생각하는 영리의 추구는 물론 비영리 목적의 사업도 가능하다.

② 입지의존성이 크다 : 관광은 소비자가 직접 이동하여 소비를 행하는 것이다. 따라서 관광객은 최적의 조건을 얻을 수 있을 때만 소비하게 된다. 이 때 입지는 자원의 매력, 기후, 자원개발정도, 인력의 수준, 시장의 위치 등을 결정하는 중요한 변수가 된다. 결국 관광사업은 그것의 입지 조건에 따라 성패를 결정하는 중요한 영향을 받게 된다.

③ 영리와 공익성 동시 추구 : 관광사업의 주체가 다양하고 그 운영목적이 서로 다르기 때문에 또 관광으로 인한 효과가 크고 광범위하고, 장기적으로 나타나기 때문에 영리목적만을 가지고 관광행동을 할 수는 없다. 사업체의 고유 목적인 영리추구와 함께 공익적인 활동 역시 필수적이다.

④ 환경 영향이 크다 : 관광사업은 그 성격상 경제적, 정치적, 법적 등 환경의 변화에 대한 영향을 크게 받는다. 관광활동이 환경의 영향을 크게 받기 때문에 즉 관광시스템이 환경과의 상호작용에 의해 존재하는 것이기 때문에 환경의 영향을 무시할 수 없다.

⑤ 관광상품의 특성에 영향 : 관광사업은 관광상품을 취급한다. 생산과 소비가 동시 발생하고, 품질의 질적인 관리가 어려운 등 관광상품의 특징에 의한 사업의 특성이 나타난다.

X

국제관광의 미래

1. 한국 관광의 일반적 문제
2. 미래 국제관광의 변화

국제관광론

X. 국제관광의 미래

관광은 사회현상이다. 국제관광은 관광을 매개로 국제적으로 나타나는 사회현상이다. 따라서 국제관광을 정확하게 알고 그에 대응하기 위해서는 먼저 관광객이 발생하는 나라의 현재 상황을 정확하게 알고 이를 근거로 미래에 대한 예측을 할 수 있어야 하고, 다음으로 관광의 목적지가 되는 나라에 대해 이해해야 하며, 끝으로 관계되는 여러 국가 간의 관계에 대해 판단하고 미래에 대해 전망할 수 있어야 할 것이다.

1 한국 관광의 일반적 문제

국제관광의 관점에서 한국 관광이 갖는 일반적인 문제점을 알아보면 다음과 같은 몇 가지를 지적할 수 있다.

1) 시장의 편중

우리나라의 관광시장은 매우 편중되어 있다. 먼저 국내 관광의 경우 관광객을 송출하는 관광시장은 서울, 부산, 대구 등 일부 대도시에 시장이 편재되어 있다. 이는 관광이 갖는 특별한 문제라기보다는 우리나라의 거주지별 인구 분포나 소득의 대도시 편중 등이 원인이라고 할 수 있을 것이다.

그러나 이런 현상을 국제관광의 관점에서 보면 문제가 심각하다고 할 수 있다. 즉 우리나라의 국제적 관광시장이 일부 국가에 편중되어 있고, 그로 인해 우리가 가질 수 있는 문제는 매우 크게 나타날 수 있다는 것이다.

예상되는 문제를 적시하면 다음과 같이 나타낼 수 있다.

① 경제적 예속

우리나라 관광산업이 어떤 특정한 나라 또는 소수의 국가의 관광객에게 의존하고 있을 경우 경제적인 면에서 우리나라는 상대국에 대해 자유롭지 못할 것이다. 예를 들어보면, 관광객을 보내는 나라의 경제가 호황인 경우 우리는 그 혜택을 볼 수 있다. 하지만 반대의 경우 즉 불황이 발생했을 때 우리나라는 우리나라의 상황과 관계없이 그로 인한 막대한 피해를 각오해야 한다. 즉 우리나라의 관광산업은 물론이고 그에 대한 여파로 인하여 국가 경제 전체가 다른 나라의 경제적 상황에 의해 결정적인 영향을 받게 될 수 있다.

우리나라는 국제적으로는 미국, 일본, 중국 등 특정 국가의 관광객이 전체 국제관광객 중에서 큰 비중을 차지하고 있고, 특히 최근에는 중국인 관광객의 숫자나 비율이 엄청나게 늘어나고 있다. 이에 비해 전통적으로 많은 관광객을 발생시키고 있는 유럽의 여러 나라에서 오는 관광객은 절대적으로나 상대적으로 매우 적다고 할 수 있다.

② 정치적 예속

관광객의 특정 국가 집중과 정치적 예속의 관계에 대해 국제관광의 효과나 환경과 관광의 관계를 이해함으로써 쉽게 접근할 수 있다. 관광객이 집중되어 있는 나라에 정치적 변혁이 생기거나 두 나라 간에 정치적으로 예민한 문제가

발생했을 경우 관광산업에 나타날 부정적 결과와 그로 인한 파급효과를 고려한다면 정치적 결정에서 완전히 자유로울 수는 없다는 점이 지적된다.

③ 문화적 예속

국제관광의 효과에서 대부분 긍정적 면에서 받아들여지지만 문화적인 측면은 부정적인 결과가 더 많이 나타난다는 것이 일반적인 견해이다. 이런 부정적인 면은 국제관광이 어느 특정 국가의 관광객에 의해 집중될 때 더욱 심각하게 나타난다고 할 수 있다.

국제관광을 위한 정책 변화나 시설 개발, 상품 개발 등에 있어서 특정한 대상을 염두에 둘 경우 전통문화를 배경으로 하고, 그것을 바탕으로 새로운 아이디어를 첨가해 상품화하는 것이 아니라 상품을 소비하는 주체 즉 특정한 외국인의 취향에 맞는 상품을 개발하게 될 것이다. 이는 결과적으로 그 지역의 전통문화를 훼손하고, 고유문화에 관광객의 하위 문화를 접목하여 정체성을 잃게 되는 결과로 나타날 수 있다는 것이다.

2) 소비시기의 집중

우리나라의 관광은 시기적인 집중 현상이 매우 크게 나타난다. 계절적인 집중은 물론이고, 주말과 방학과 같은 특정한 시기에는 많은 사람들이 관광을 즐기지만, 이런 시기를 벗어난 때 예를 들어 주중이나 비수기 계절에는 대부분의 관광지에서 필수적인 시설과 인력조차도 유지하기 어려울 정도로 심각한 소비감소 현상이 나타난다.

이런 현상의 원인은 분명하다. 먼저 일반적인 직장의 근무 시간이 평소에 너무 길다. 따라서 직장인의 경우 평일 또는 주말에 관광에 참여할 기회가 없다. 또 일부 시간적 여유를 가진 사람이라고 해도 혼자서 관광에 참여하는 것은 한계가 있기 때문에 즉 동반자를 구할 수 있는데 한계가 있기 때문에 관광에 참여할 동기가 부여되지 않는다.

다음으로 학생에 대한 과도한 학습 부담이 있다. 현대는 가족이 함께하는 관광이 일반화되어 있다. 그러나 가족의 구성원 중에서 중요한 역할을 하는 자녀가 과도한 학습 부담으로 관광에 참여하지 못하게 되면 가족 전체의 관광 참여는 불가능하다.

이런 한계를 가진 관광 참여가 여름 등 특정한 시기에 방학과 휴가를 통해 아주 짧은 시기 동안 가능해진다. 따라서 이 기간에 관광에 참여하지 못하면 일 년 동안 다른 기회를 얻을 수 없다는 점을 알고 있는 대부분의 국민이 관광에 나서게 되고, 과밀, 혼잡, 범죄, 바가지요금, 오염 등 집중으로 인한 여러 문제가 심각하게 발생하게 된다.

3) 국민의 낮은 관광의식

우리나라 국민이 본격적으로 관광에 참여하게 된 것은 1980년대 이후라고 할 수 있다. 이후 많은 시간이 지났지만 아직 우리 국민의 관광에 관한 의식 수준은 그리 높다고 하기 어렵다. 아직 많은 국민은 관광이란 거주하는 지역을 벗어나서 먹고, 마시고, 떠들고, 노는 것이라고 생각하고 있다. 이런 생각은 국제관광의 경우에도 그리 크게 다르지 않아서 국제적으로 많은 비난을 받고 있다. 현재 많은 부분 개선되고 있으나 앞으로도 큰 변화가 있어야 할 것이다.

이런 사고의 한계는 관광목적지의 개발과 유지에 많은 어려움을 주고 있다. 관광목적지의 문화를 즐기고 주민과 교류하고 그들을 이해함으로써 만족하는 관광이 아닌 경우 관광사업자는 자연스럽게 관광객의 욕구에 상품과 행동을 맞추게 됨으로써 많은 부정적 결과를 나타내게 되고, 결과적으로 전체 관광에 대한 부정적 인식을 확산시키게 된다.

4) 소비와 공급의 불균형

우리나라의 인구는 국토에 비해 상대적으로 많고 나라 경제가 발전함에 따라 관광에 대한 욕구가 급격히 증가되었다. 이런 변화의 결과는 관광에 대한 수요와 공급의 심각한 불균형이라는 결과를 초래했다.

수요가 공급을 크게 초과함으로써 우리가 알고 있는 관광과 관련된 대부분의 문제가 발생했고, 이는 과밀의 가장 근원적인 원인으로 지적되고 있다.

5) 지나친 관광 관련 제약

북한과의 정치적, 군사적 긴장과 같이 어쩔 수 없는 상황이기는 하지만 우리나라의 경승지나 해안, 도서 등은 여러 제약으로 인하여 개발은 물론 출입 자체가 제한되는 경우가 많이 있다.

군사적 필요에 의한 제한은 감수할 수밖에 없다고 해도, 기타의 과도한 규제 예를 들면, 관광산업을 향락성 소비산업으로 규정하여 투자를 제한하고, 관광 관련 시설의 영업시간을 제한하는 등의 제약이 아직도 많이 남아 있음으로 해서 관광 관련 시설과 산업 발전에 근본적인 어려움을 주고 있다.

6) 사회간접자본의 부족

경제개발계획의 성공적인 집행에 따라 경제와 산업의 많은 부분에서 발전이 있었고, 특히 고속도로, 항만, 철도, 통신, 의료 등 사회간접자본은 괄목할 만한 성장을 이룬 것이 사실이다. 그러나 아직 세세한 부분에 있어서의 또 이방인인 관광객을 배려하는 수준에까지 도달하기에는 부족한 점이 많이 있다.

이렇게 관광과 관련하여 외형적으로 보이는 부분에서는 많은 발전을 이루었지만 서비스 부분에서는 아직 부족한 점이 많이 있다. 일반 국민의 관광에 관한 인식과 외국관광객에 대한 이미지도 개선되어야 할 필요가 대두되고 있고, 특히 관광 종사원들의 서비스 수준은 심각한 정도로 반드시 개선되어야 할 것이다. 우리나라를 방문한 많은 외국인 관광객은 공통적으로 서비스의 질에 대한 불만을 토로하고 특히 언어소통 문제는 매우 심각한 것으로 나타나고 있다.

국제관광과 관련된 이런 문제들이 계속될 경우 관광객은 관광목적지의 아류 문화에 만족하지 못하고 떠날 것이고, 관광지는 목적했던 경제적, 사회적, 정치적 이익보다는 문화적 자긍심의 훼손과 같은 관광의 부정적 효과로 인한 피해만이 남겨질 것이다. 따라서 우리는 이런 현재의 문제를 심각하게 받아들이고 국민과 관광사업자 그리고 정부가 합심하여 여러 곳에서 지적되고 있는 문제를 직시하고 해결할 수 있는 노력이 필요하다.

2 미래 국제관광의 변화

국제관광의 주변 환경의 변화에 다라 매우 민감하게 영향을 받는다. 동시에 국제관광의 변화 역시 주변 환경에 영향을 준다. 따라서 앞으로의 국제관광의 변화를 예측하고 그에 적극적으로 대비하기 위해서는 국제관광과 환경의 변화를 모두 검토할 필요가 있다. 여기서는 미래 국제관광의 현상 변화와 함께 사업경영환경의 변화와 또 이런 변화의 바탕에 있다고 할 수 있는 사회 변화에 대해 알아보겠다.

1) 미래 국제관광 현상의 변화

미래의 국제관광 현상은 엄청나게 변화할 것으로 예측하는 데는 이견이 있을 수 없다. 이런 변화가 있다는 것은 관광과 관련된 모든 사람들에게 기회와 함께 위기로 작용할 수 있다. 즉 변화를 예측하고 적응하고 나아가 선도하는 개인이나 국가는 발전할 기회를 얻고 그렇지 못하면 소멸한다는 것이다.

국제관광과 관련된 변화는 다음과 같은 것들이 예상되고 있다.

① 관광 욕구 증가

관광에 대한 욕구는 이미 전 세계적으로 일반화 된 것으로 이해할 수 있다. 삶의 질이 향상되고 생산성이 증가함에 따라 또 교육 기회가 늘어나 지식과 정보가 증가함에 따라 자연히 관광에 대한 욕구를 더 많이 가지게 된다. 이와 더불어 휴가 등 노동의 환경이 점차 개선되는 등의 사회적, 제도적 지원을 받아 관광에 대한 욕구의 실현 가능성은 더욱 높아졌다. 이런 관광을 실행할 수 있는 여러 조건의 개선에 따라 자연스럽게 나타난 욕구가 과거와는 비교할 수 없을 정도로 급격히 확대되고 있다.

그러나 그 외에도 주변의 환경에 의해 발생되는 욕구 역시 매우 큰 폭으로 증가한다. 현대사회를 규명하는 단어 중 하나는 극심한 경쟁이다. 이런 경쟁과 그 외의 스트레스, 미래에 대한 불안 등 현대사회에서 생활함으로써 나타나는 각종 압박은 관광에 대한 욕구를 더 크게 한다. 특히 도시화의 진전은 이런 욕구의 증가에 결정적 역할을 한다.

현대인들의 개인적인 삶이 증가하면서 각 개인은 조직의 일원으로도 생활하지만 개인적인 삶의 중요성을 크게 느끼고 있고, 자기 자신의 개성을 추구함과 동시에 자아실현을 추구하고 있다. 이런 자아실현의 방법 중 대표적인 것이 바로 관광이다. 자신만의 호기심을 충족시키고 자신과 다른 모습으로 살아가는 사람들과의 교류를 통해 새로운 자기 자신을 발견하고 그 동안 잊고 있었던 자기의 본 모습을 느낀다는 것이다.

이렇게 관광에 대한 지원과 배려 즉 복지관광 정책의 혜택과 자신의 개인적 욕구와 스트레스 해소 또 자아실현의 고급 욕구 등이 복합적으로 작용하여 앞으로 관광에 대한 욕구는 지금까지와는 비교되지 않을 정도로 엄청나게 확대될 것이다.

② 관광 유인활동 증가

관광기업의 적극적인 마케팅 활동은 물론이고, 복지관광 정책 등 정부 또는 지방자치단체의 법적, 제도적 개선 노력, 매스컴의 활동, 통신 등 정보 전달 기술의 발달, 수송수단의 발전 등등 관광의 욕구를 가진 개인이 자신의 욕구를 실현시킬 수 있도록 지원하는 모든 수단이 비약적으로 발전하고 있다.

국제관계의 개선과 글로벌화로 대표되는 전 세계적인 화합과 협동의 분위기 역시 국제관광의 활성화에 기여하고 있다.

③ 차별화 욕구 강화

현대인들은 자신의 개성을 중시하는 경향이 있다. 기본적인 생활과 관계에서는 다른 사람들과 함께하지만, 좀 더 고급스러운 욕구 충족에 있어서는 자신만의 개인적인 특성을 과시하고자 하고 다른 사람들과 차별화되기를 원한다.

관광 행동은 이런 면에서 차별화의 욕구가 가장 극명하게 나타나는 것 중의 하나라고 할 수 있다. 관광을 하고자 하는 욕구의 원천도 다양하고 그것을 표현하고 실행하는 방법 역시 다양하게 제공됨에 따라 남들과 차별화되는 “나만의 관광”을 통해서 자신만의 개인적 만족을 중시한다.

④ 의미 중시

지금까지의 관광이 남의 것을 구경하는 것이 주요 활동이었다면, 앞으로의

관광은 그것을 이해하고 직접 경험하는 활동이 주가 될 것이다. 즉 보여주는 삶에 대해 단순한 구경꾼으로 피상적인 경험을 주로 했던 데 비하여, 지금부터는 진짜 삶에 대한 적극적 참여와 진실한 교류를 통한 진정성의 추구가 관광의 모습이 되고 관광객의 자세가 될 것이다.

이런 현상은 이미 일반화되고 있는 SIT(special interest tourism)에서 찾아볼 수 있다. SIT는 관광객이 느끼는 "애매한 감정(tourist shame)"을 제거하고 진정성을 추구하는 관광으로 앞으로 관광행동의 기준이 될 것으로 받아들여지고 있다.

⑤ 가격 중요성 감소

관광에 있어서 가격은 관광상품이 가치상품으로 관광객 각자가 부여하는 의미가 중시되고 있음으로 해서 이미 다른 상품과는 다른 의미를 갖는다는 것을 알고 있다. 이런 추세는 앞으로 더욱 강화되어 관광상품에서 가격이 가지는 의미는 더욱 약화되고 편리함, 안전, 쾌락 등에 대한 요구가 더욱 커질 것이다.

2) 사회환경의 변화

현대사회는 엄청나게 빠른 속도로 변화하고 있다. 속도가 빠른 뿐 아니라 내용 적인 면에서도 많은 변화가 있다. 국제관광은 이런 현대사회의 변화 속에서 발생하고 그것을 이해하는데 사회 변화에 대한 이해 역시 바탕이 될 수 있다.

현대사회의 변화에 대해서는 다음의 몇 가지를 살펴보기로 하겠다.

① 가정생활 변화

현대인의 가정생활은 과거와 많이 다르다. 가족의 구성에 있어서 핵가족에서 더 나아가 DINK족(double income no kid), 여피족(yuppies, young, urban, professional)이 등장했고, 자녀의 수가 줄고 여성들의 사회진출이 확대됨에 따라 가족 내의 권력 구조에 급격한 변화가 생겨났다. 여성과 어린이의 의사결정 참여가 확대되고, 전통적 의사결정권자였던 남자 가장의 역할이 극도로 축소되었다.

노인 인구의 증가 특히 연금이나 재산 소득 등을 바탕으로 한 부유한 노인의 대두 역시 가정 내 변화의 큰 축이 되고 있다. 앞으로 장수로 인해서 나타나는 여러 변화는 가정의 모습을 바꾸는 데 큰 역할을 할 것으로 보인다. 관광과 관련하여 빈곤이나 질병, 관계단절이나 사회적 역할 상실 등 곤란을 가지고 있는 노인에 대한 정부의 대처 역시 중요한 변수로서 작용할 것이다.

대부분의 가족 구성원의 교육수준이 높고, 경제적으로 풍요롭고, 충분한 여가 시간을 가지고 있다고 할 때 이들의 활동이 어느 방향으로 갈지는 자명하며 이런 관광에 대한 잠재적 수요가 가정 내에서의 삶의 변화에 따라 확산될 것으로 전망되고 있다.

② 사회 변화

현대사회의 변화를 전체적으로 보면, 먼저 정치적 변화를 생각할 수 있다. 이는 단적으로 민주화라고 생각할 수 있으며 이런 민주화 추세는 전 세계적으로 거스를 수 없는 흐름으로 정착될 것이다 이런 정치적 민주화는 관광 특히 국제관광의 발전에 크게 기여할 것이다.

경제적으로는 전 세계 모든 사람들이 점차 더 많은 부를 소유하게 될 것이고, 사회적인 여건 즉 경쟁, 범죄 등 스트레스 증가 등의 요인과 결합하여 더욱 관광 참여자의 증가라는 결실을 보게 될 것이다.

③ 가치관 변화

관광에 관련된 모든 외부적 조건은 관광 현상에 긍정적인 영향을 주는 방향

으로 전환되고 있다. 이에 더하여 정신적인 면 즉 각 개인의 삶의 기준이 되는 가치관에서 역시 각자 자신의 삶의 질을 중시하는 방향으로 변화가 나타나고 있다.

현대의 대부분 개인은 자신의 삶에서 가장 중요한 것은 다른 사람들의 의사와 관계없이 삶에 대한 자기만족이고, 명예와 같은 추상적인 가치 추구라는 의견을 보이고 있다.

3) 관광기업의 경영환경 변화

이상과 같은 사회적 변화를 바탕으로 관광기업의 경영 환경의 변화를 예측하면 다음과 같은 면을 생각할 수 있다.

① 경쟁 심화

관광사업은 앞으로 가장 성장 가능성이 높은 사업 영역 중의 하나이다. 따라서 많은 기업이 관광과 관련된 활동 영역에 진입할 것이며 동종, 이종 또는 국내 및 타국의 기업들과 치열한 경쟁을 해야 한다는 사실에는 변화가 없을 것이고, 그 정도는 시간이 갈수록 더욱 심화될 것이다.

② 대형화

모든 다른 영역의 기업이 같겠지만 관광기업은 대형화의 추세로 가게 될 것이다. 치열한 경쟁 속에서 생존하기 위해서는 기업의 세를 불리고 원가 절감의 효과를 얻는 것이 필수적이라고 할 수 있다. 따라서 앞으로의 관광기업은 대형화되는 추세가 유지될 것이다.

③ 자율화

기업에 대한 통제는 이제 구시대의 유물과 같은 대우를 받고 있다. 이런 통제의 소멸 추세가 지속될 것은 거의 확실하다. 통제 또는 규제를 통해서

기업을 육성하는 시기는 이미 지나고 있기 때문이다. 이런 자율적 경영의 시대에는 무엇보다 기업인 또는 구성원들이 가지고 있는 참신한 아이디어의 가치가 빛날 것이다.

환경에 적응하고 새로운 고객을 창출할 수 있는 아이디어를 가지고 그것을 상품화시킬 수 있는 능력을 가진 기업은 발전하고 상장할 것이지만 그렇지 못한 기업은 저절로 도태되는 결과를 보일 것이다.

참고문헌

강영계 편저, 종교와 인간, 서울: 종로서적, 1988.

관광기본법.

관광진흥법.

관광진흥법 시행령.

문화체육관광부, 관광동향에 관한 연차보고서(2010~2016).

구미래, 한국의 상징세계, 서울: 교보문고, 1992.

권규식, 종교와 사회변동: 막스.웨버의 종교사회학, 서울: 형설출판사, 1985.

경희대학교 민속학연구소, 한국의 민속 3, 서울: 시인사, 1986.

김광득, 현대여가론, 서울: 백산출판사, 1991.

김광일, 한국전통문화의 정신분석, 서울: 시인사, 1984.

김동욱 외, 한국민속학, 서울: 새문사, 1989.

김동일 외, 사회과학방법론비판, 서울: 청람, 1993.

김명자, "여가활동과 행복한 노후생활의 향유에 관한 연구," 한양대학교 대학원 박사학위논문, 1993.

김문겸, 여가의 사회학, 서울: 한울, 1993.

김미경 외, 관광학개론, 백산출판사, 2017.

김병문 외, 국제관광의 이해, 백산출판사, 2015.

김 봉, 관광마케팅, 서울: 대왕사, 2012.

김사영 · 김홍운, 관광개발론, 서울: 형설출판사, 1997.

______, 관광자원론, 서울: 형설출판사, 1997.

김성건, "한국 종교문화의 특성에 관한 일고찰," 한국사회사연구회 편, 현대한국의 종교와 사회, 서울: 문학과 지성사, 1992.

김성혁 · 오재경, 최신관광사업개론, 서울: 백산출판사, 2013.

김열규, "놀이와 축제," 향토축제의 새로운 검증, 경희대학교 민속학연구소, 1982.

______, 한국민속과 문학연구, 서울: 일조각, 1971.

김인희, 한국무속사상연구, 서울: 집문당, 1988.

김채윤 외 2인저, 사회학개론, 서울: 서울대학교 출판부, 1986.

김태곤, 무속과 영의 세계, 서울: 한울사, 1993.

______, 한국무속연구, 서울: 집문당, 1985.

______, 한국민간신앙연구, 서울: 집문당, 1983.

박석희, 신관광자원론, 서울: 대왕사, 2012.

백방선, 경영학원론, 서울: 무역경영사, 1995.

서광선, 종교와 인간, 서울: 이화여자대학교 출판부, 1983.

서태양 · 차석빈, 여가론, 서울: 대왕사, 1996.

손대현, 관광론, 서울: 일신사, 1991.

______, "사람은 관광하는 동물이다: 관광의미론," 관광학연구, 제18권, 2호, 1995.

______, 한국문화의 매력과 관광이해, 서울: 일신사, 1995.

______ · 장병권 공역, 여가 · 관광심리학, 서울: 백산출판사, 1991.

신용하 편, 공동체이론, 서울: 문학과 지성사, 1987.

유동식, 한국무교의 역사와 구조, 서울: 연세대학교 출판부, 1989.

이광규, 문화인류학개론, 서울: 일조각, 1985년.

이광진 · 김홍운, 민속관광론, 서울: 백산출판사, 1995.

이봉석 외, 관광사업론, 서울: 대왕사, 2013.

이상일, 놀이문화와 축제, 서울: 성균관대학교 출판부, 1988.

______, 축제와 마당극, 서울: 조선일보사, 1986.

______, 한국인의 굿과 놀이, 서울: 문음사, 1988.

이선희, 문화관광의 이해, 관광협회, 1996.

______ · 전주형, 문화관광 정책의 비교연구, 한국여행학회, 제6편 1997.

_____, 문화관광의 이해, 관광협회, 1996.
이연택 편, 관광학연구의 이해, 서울: 일신사, 1993.
이유재, 서비스마케팅, 경기: 학현사, 2010.
이은봉, 놀이와 축제, 서울: 도서출판 주류, 1980.
이즈쯔 도시히꼬, 동양철학의 심층분석, 김동원 역, 서울: 솔밭, 1991.
임동규 · 정병호 · 김선풍, 민속론, 서울: 집문당, 1989.
임재해, 민속문화론, 서울: 문학과 지성사, 1986.
장주근, 한국의 향토신앙, 서울: 을유문화사, 1986.
전경수, 문화의 이해, 서울: 일지사, 1994.
_____ 편역, 관광과 문화, 서울: 일신사, 1994.
정익준, 환대마케팅, 경기: 학현사, 2006.
정병웅, "준거집단이 국외관광행동의 의사결정에 미치는 영향," 한양대학교 대학원 박사학위논문, 1995.
조진호 외, 관광법규론, 서울: 현학사, 2017.
주강현, 굿의 사회사, 서울: 웅진출판, 1993.
조명기 외, 한국사상의 심층연구, 서울: 우석, 1993.
조현호, "여가의 사회적 함축에 관한 연구," 한국관광산업학회, Tourism Research, 제5호, 1991.
_____, "속에 대응하는 성으로서의 여가에 관한 탐색적 연구," 관광연구논총, 제6권, 한양대학교 관광연구소, 1989.
_____, "한국의 전통 여가문화에 관한 연구," 한양대학교 대학원 박사학위논문, 1995.
조현호 · 송재일 · 서윤정, 문화와 국제관광, 서울: 대왕사, 2007.
조흥윤, 무와 민속문화, 서울: 민속문화사, 1990.
_____, "한국의 무, 서울: 정음사, 1990.
최승이, 이미혜(공저), 서울: 대왕사, 2008.
하동현 · 조문식, 관광사업론, 서울 : 대왕사, 2011.
하헌국 역, "여가와 인간행동", 서울: 백산출판사, 1993.
한경수, 관광객 행동론, 서울: 형설출판사, 1990.
한국여가문화학회, 현대 여가연구의 이슈들, 서울 L 한울출판사, 2008.

한국정신문화연구원, 한국전통사회의 관혼상제, 서울: 고려원, 1984.

황루시, 한국인의 굿과 무당, 서울: 문음사, 1988.

황선명, 종교학개론, 서울: 종로서적, 1982.

Caillois, Roger, 이상률 역, 놀이와 인간, 서울: 문예출판사, 1994.

Clifford Geertz, The Interpretation of Cultures, Basic Books, USA, 1973.

Durkheim, Emile, 종교생활의 원초적 형태, 서울: 민영사, 1992.

Huizinga, Johan, 김윤수 역, 호모루덴스, 서울: 까치, 1988.

Lett, James W., Jr., 카리브해 전세요트 관광의 유희적 측면과 리미노이드 측면, 전경수 편역, 관광과 문화, 서울: 일신사, 1994.

Lewin, Roger, 박선주 역, 인류의 기원과 진화, 서울: 교보문고, 1992.

Marx, K., 자본론 Ⅱ, 김수행 역, 서울: 비봉출판사, 1991

Mill, Robert C., Alatain M. Morrison, 정익준 역, The Tourism System, 관광학원론강의, 서울: 시그마프레스, 1994.

Orru, Marco, 임희섭 역, 아노미의 사회학, 서울: 나남, 1990.

Veblen, T., 유한계급론, 정수용 역, 서울: 동녘, 1983.

저자약력

조현호

한양대학교 대학원 관광학과 졸업(문학박사)
서울올림픽조직위원회 근대5종경기운영본부 담당관
한양대학교, 세종대학교 강사
현, 경주대학교 관광경영학과 교수

• 저서 및 논문
우리나라 전통 여가문화에 관한 연구
문화이벤트기획론, 대왕사, 2004
컨벤션산업의 이해, 공저, 대명, 2004
관광이벤트기획과 실제, 공저, 대왕사, 2006

송재일

한양대학교 대학원 관광학과 졸업(관광학박사)
대한민국 테마여행 10선 3권역 총괄기획자
현, 대구경북연구원 사회문화연구실 연구위원

• 저서 및 논문
이벤트 방문객의 지출결정모형과 시장세분화
관광상품기획론, 공저, 대왕사, 2013
자립적 지역발전론, 공저, 집현재, 2012
관광이벤트기획과 실제, 공저, 대왕사, 2006

저자와의
합의하에
인지첩부
생략

국제관광론

2015년 3월 10일 초 판 1쇄 발행
2018년 3월 30일 개정판 1쇄 발행

지은이 조현호 · 송재일
펴낸이 진욱상
펴낸곳 백산출판사
교 정 조진호
본문디자인 오행복
표지디자인 오정은

등 록 1974년 1월 9일 제406-1974-000001호
주 소 경기도 파주시 회동길 370(백산빌딩 3층)
전 화 02-914-1621(代)
팩 스 031-955-9911
이메일 edit@ibaeksan.kr
홈페이지 www.ibaeksan.kr

ISBN 979-11-5763-473-6
값 13,000원